바쁜 게 자랑인 줄 알고…

그동안 너무 바삐 살았다

2천만원으로 시골집 한 채 샀습니다

오미숙 作

차례

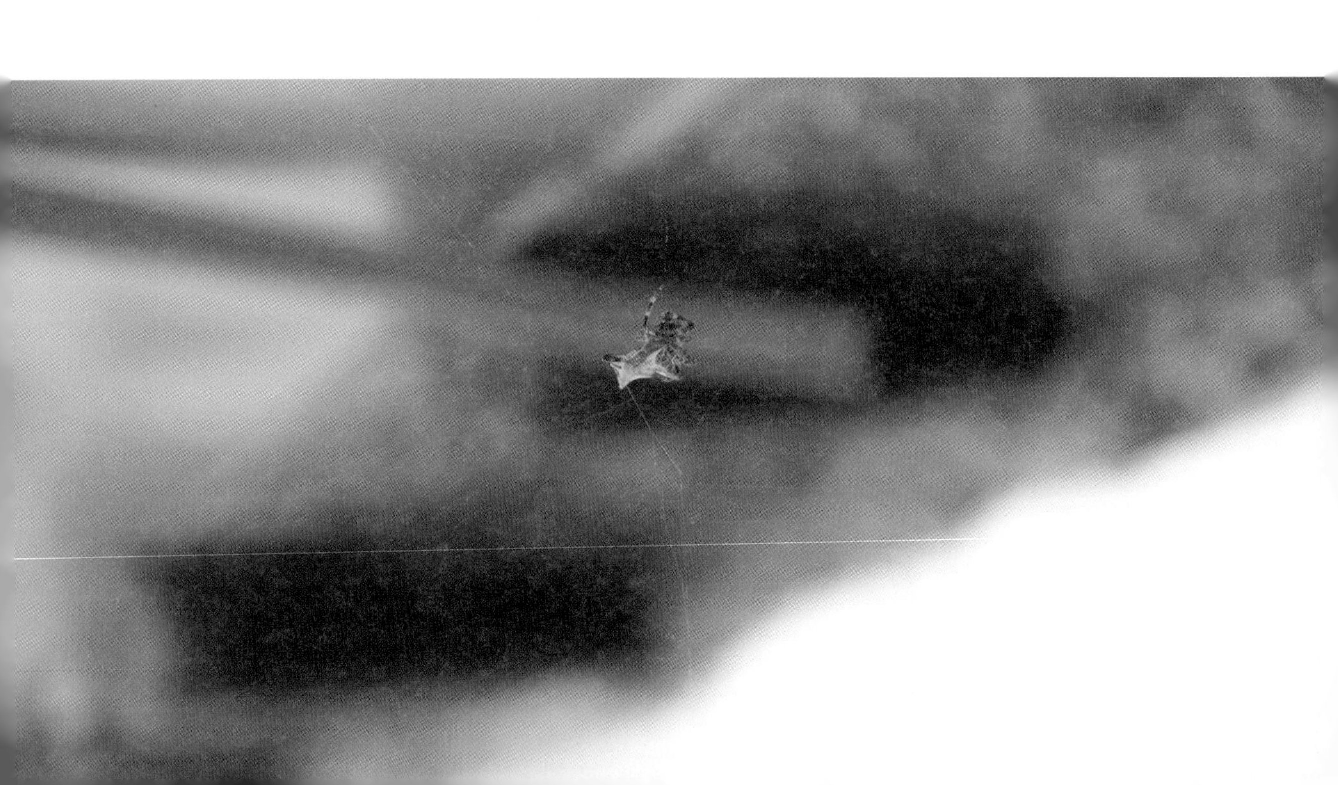

chapter 3 헐고 짓기

철거▶설비와 미장▶목공▶지붕 얹기▶실내외 단장▶▶▶지금부터 스타트!

chapter 4 집구경

마당과 장독▶수돗가▶부뚜막이 있는 부엌▶4개의 방▶욕실▶▶▶비로소 대문을 열다

시골은 멀지 않은 곳에 있었다

"왜 이렇게 마당 타령을 하는 거지? 마당이 생기면 무얼 하고 싶어서 그러는 거야?"

어느 날, 나는 내 마음에게 물었다. '마당 있는 집에 살고 싶다'고 틈만 나면 노래하듯 읊어대는, 내 마음에게 묻고 싶었는가 보다. 정말이지 나는 언제부터 이렇게 마당 있는 집에서 사는 꿈을 꾸기 시작했을까? 가만 돌이켜보니 꽤 해묵은 꿈인 것 같다. 모르기는 해도 행복했던 어린 시절의 기억이 그런 꿈을 갖게 한 가장 큰 이유인 것 같으니까.

어린 시절, 바쁜 부모님을 대신해 언니들과 함께 꽤 오랫동안 나를 맡아주었던 이는 친할머니였다. 할머니 댁은 한옥이었다. 그중에서도 내가 가장 좋아하던 장소는 정주간(부엌)의 불 때는 아궁이 앞이었다. 어린 마음에도 마른 장작이 타닥타닥 불꽃으로 타오르는 걸 지켜보는 일이 참 마음 편하고 따뜻했기 때문이다. 벌겋게 타오르던 장작불이 꺼져갈 즈음, 감자나 고구마를 던져 넣어 간식거리를 만드는 것 또한 더없는 즐거움이었다.

다른 즐거운 일도 많았을 텐데 이상하게 어린 시절을 떠올리면 아련하게 한옥의 정취가 떠오른다. 들여다보기 무섭다고 지레 겁을 내면서도 못내 궁금해 알짱거렸던 우물가. 그 우물에서 물을 긷던 기억이며 몸집보다 더 큰 빗자루를 들고 마당을 쓸 수 있다고 설레발을 치고는 했던 일. 잠을 자다 어렴풋이 잠에서 깼을 때 창호지문 너머로 어슴푸레 동이 트며 빛이 스며들던 것. 밤까지는 아무 일 없다가 눈뜨고 보니 나뭇가지가 휘도록 눈이 소복하게 쌓인 아침 같은 것 말이다.

그 시절 한옥의 풍경을 떠올릴 적마다 세상 더 없이 행복했던 때처럼 생각되는 것은 지금은 어디에서도 찾아보기 힘든 그런 추억 때문일 것이다. 그때, 그 어린 날 이후로 다시는 아련한 그 기억 속의 풍경들에 마음을 둘 겨를이 없었다. 사느라, 앞만 보고 달리느라, 늘 분주했던 것이 그 이유라면 맞을까.

할머니 댁, 그 한옥의 추억을 풀 향기처럼 간직하고 있는 나는 거의 평생을 아파트에서 살았다. 마천루. 찌를 듯 하늘을 향해 뻗어 있는 높은 빌딩에서 도시의 야경을 감상하는 것이야말로 '가진 사람들이 집을 누리는 방법'이라고 생각했다. 언젠가 돈을 많이 벌게 되면 아파트나 상가, 건물을 사서 여유로운 노후를 누려야겠다고 생각하기도 했다. 도심의 세련된 서비스를 맘껏 누리는 것. 그것이야말로 진정한 성공이라고 여겼던 까닭인지도 모르겠다.

하루하루의 숨 속에 자연의 볕과 바람이 깃들었으면…

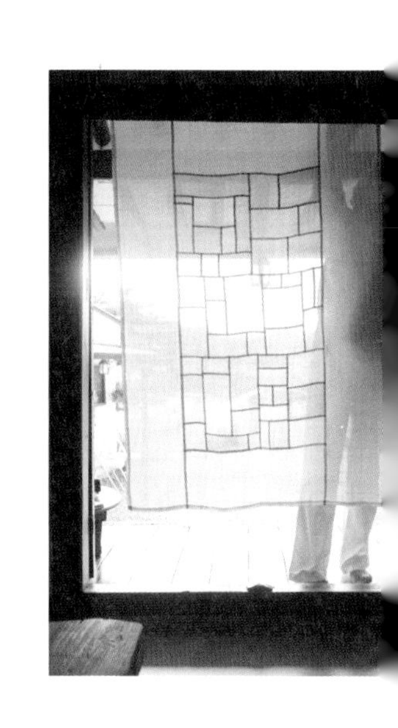

집이란 그저 집일 뿐, 집이 내 인생을 일궈주는 밭이 된다는 생각 같은 것은 하지 못한 채 살았다. 기거하는 것, 그 이상의 의미를 둘 여유도 없었다. 아이를 키우고, 살림을 하고, 일상의 작은 일들을 무리무리 해결하며 살아가는 일은 이상하게도 늘 분주했으니까.

그러다 어느 날 문득, 집이 돌아봐졌다. 내가 살고 싶은 집은 이런 집이 아니었다는 자각. 나는 늘 뾰족 지붕 아래 자그마한 마당이 딸려 있는 집을 꿈꾸었다는 사실을 뒤늦게 깨달았다. 무엇보다 눈길 둘 곳 많은 편안한 집이 있었으면 했다, 나는. 더구나 손으로 무언가를 만드는 일을 좋아해서 이것저것 자꾸 만들기 시작하면서는 이런 바람이 점점 더 커졌다.

그도 그럴 것이 아이와 남편 뒷바라지를 하고, 집안일을 하며 동동거리다가도 잠시나마 짬이 나면 수를 놓고 조각보를 만드는 나였다. 일일이 손을 움직여가며 한 올 한 올 수직 카펫을 짜는 즐거움도 놓을 수 없는 일이었다. 언제나 그렇게 손수 만든 살림살이들로 집 안 꾸미기에 열을 올리며 살게 된 즈음이었을 것이다. 아! 마당 있는 집이었으면 얼마나 좋았을까, 하고 다시 꿈꾸기 시작한 게 말이다.

좋아하는 취미가 생기면 자연스레 내 손으로 만든 것을 내가 사는 공간에 풀어놓고 싶은 것이 사람 마음이다. 조물조물 천을 가지고 놀다가 나중에는 가구도 만들고, 집도 고치게 되었다. 그러다 보니 성냥갑 같은 아파트보다는 천장 높은 단독 주택이 자꾸 생각났다. 자꾸자꾸 그리워졌다.

아파트살이는 어느 정도의 돈만 있으면 집에 특별히 신경 쓸 필요가 없지만, 단독 주택은 다르다. 집이 온몸으로, 시시때때로, '나 좀 봐 달라'고

종종거리던 걸음을 멈추고 조금씩 쉬어가며 살았으면…

아우성을 치니 그렇다. 누군가는 상상만으로도 귀찮아서 진저리를 칠 수도 있는 그 번거로운 주택살이가 나에게는 꿈이 되었다. 아무래도 천성이 가만히 있지를 못하고, 손으로 하는 일이라면 무엇이든 좋아하는 성격 탓인 것 같다.

내가 즐기는 일상은 집에서 시작되고 완성되기 때문에 어떤 집을 원하는가는 그때의 내 인생과 맞닿아 있다. 어렸을 때는 침대와 책상 하나 놓인 방 한 칸도 부족함이 없었고, 20대에는 몸단장만 하고 뛰쳐나가느라 원룸도 돌보기 벅찼다. 누가 쫓아오는 것처럼 정신없던 30대를 보내고 아이들이 대학생, 고등학생이 되어 시간적 여유가 생긴 지금, 내가 사는 공간은 내가 좋아하는 것들을 마음껏 누릴 수 있는 곳이었으면 좋겠다는 생각이 점점 강해졌다.

텃밭을 가꾸는 것처럼, 수를 놓는 것처럼, 번거로운 손질도 기꺼운 손님 초대 요리처럼, 천 개도 넘는 조각보를 자르고 잇는 것처럼 집도 내가 좋아하는 것에 포함되었으면 하는 생각이 들었다. 아니 내가 좋아하는 모든 것을 집이 품어주었으면 싶었다.

간절하게 꿈꾸면 그 문이 열린다는 말을 믿는다. 간절한 꿈은 몸을 움직이게 하니까. 30대를 보내는 동안, 손 살림을 만들고 가구를 빚고 집 고치는 일에서 기쁨을 찾아가는 동안, 나의 꿈은 점점 더 커졌고 또 간절해졌는가 보다.

40대 초반부터 나는 드디어 마당 딸린 전원주택을 보러 다니기 시작했다. 다른 집은 남편들이 시골을 못 가 안달이고 아내들은 무조건 '도시 사수'라던데 나는 좀 달랐다. 도시에서 집을 소비하며 청춘을 누렸으니 이제는 집을 가꾸고 싶었다. 나만의 집, 그것 말이다.

경제적으로 풍요롭다거나 밑에 쌓인 돈이 아야, 소리를 낼 만큼 돈을 이고 지고 사는 형편도 못 되면서 무슨 배짱이었는지 모르겠다. 틈만 나면 내 꿈의 지도를 펼쳐들고 전국 구석구석을 뒤지고 다니기 시작한 지 수년이 흘렀다. 그동안 정말이지 발품깨나 팔았다. 힘든 줄도 모르고, 발이 부르트는 줄도 모르고.

그리고 드디어 그 꿈 풀이를 하게 되었다. 여기 충청의 땅, 서천에 내 집이 생긴 것이다. 마당 있는 집이다. 게다가 한옥이다. 장독대도, 아궁이도 있다. 좋다. 꿈만 같다. 집이 그동안 살아온 내 고단했던 지난날들을 다 안아줄 것만 같다. 적어도 이제 막 입주했으니 불편 같은 건 모르겠다. 당분간은 그저 마음껏 집을 누려볼 참이다.

그 이야기를 시작하려고 한다. 집을 구하고, 그 집을 내가 직접 나서서 고치고, 당당히 주인으로 입주하기까지의 쓰고 달고 눈물겨웠던 이야기들을 많은 사람들과 나누고 싶다. 그래서 도시 하늘 아래 어디선가, 나처럼 작은 마당을 꿈꾸며 사는 누군가에게도 희망 한 줌씩 나눠주고 싶다.

도시 좋아하던 여자, 오미숙 씀

그래! 시골 가서 어디 한번 촌닭처럼 살아보자

여학교 때… 책갈피마다
꽃잎 끼워 말리며 꿈꾸었던 그 시절처럼,
이제 다시 또 그렇게 살아야지.

땅따먹기

강원도 ▶ 경기도 ▶ 경상도 ▶ 충청도 ▶▶▶▶ 그리하여 서천

도시에 살면서 마당 있는 집을 누리고 싶다고 생각하는 것은 어찌 보면 사치일 수도 있다. 층층이, 겹겹이 쌓아 올린 작은 아파트 한 채 갖는 일도 까마득한데, 흙과 꽃과 별드는 하늘까지 온전히 다 가진다는 게 참 맹랑하지 않은가 말이다.

도시에서는 텄다, 라고 꿈을 접은 뒤 촌으로 눈을 돌렸다. 아이들 얼추 다 키웠으니 가지 못할 이유도 없었다. 지들 인생 찾아갈 만큼은 키워 놓은 마당에야 내 인생이 급선무다. 엄마인 나도 좀 살아야겠다. 그랬다. 고등학생 아들이 살짝 마음에 걸렸지만 아예 내려갈 참이 아니라 서서히 옮겨볼 심산이었으니 크게 미안하지는 않았다.

그리하여 시작된 여행. 처음에는 산과 바다가 공존하는 강원도로 시작했다. 그 다음은 경기도, 다음에는 경상도로 내려갔다가 다시 충청도로… 밑도 끝도 없이 시작된 나의 땅따먹기 여행은 충남 서천의 작은 마을에 다다라서야 그 고단한 일정을 마칠 수 있었다.

chapter 1

1

어디에다?

별 좋고 땅 바른 곳에 내 집 하나
갖기 위한 전국 일주를 시작하다

완벽한 시골 생활을 누리고 싶어 하는 사람들은 마치 서로 약속이나 한 듯이 강원도부터 땅과 집을 둘러보기 시작한다. 나는 물론, 은퇴를 앞두고 시골살이를 고민 중인 지인들 모두 한 치의 오차도 없이 생각을 통일한 채 강원도부터 집 구경을 시작했다. 우거진 숲을 즐길 수 있는 것은 물론이요, 산의 정기도 받을 수 있고, 게다가 바다를 지척에 두고 살 수 있으니 이 나라에서 강원도보다 더 좋은 땅이 어디 있을까.

그렇다고 건축 설계를 하는 사람도 아닌 마당에 딱 어떤 집이다, 싶은 마음으로 다닌 것은 아니다. 땅 구경 반, 경치 구경 반, 그저 꿈을 찾아 지친 몸과 마음을 쉬게 해주고 싶어 떠났다는 편이 맞는 말일 게다.

그런데 주말이면 훌쩍 여행을 떠나듯, 강원도로 내려가서 갖은 매물들을 둘러보기 시작하면서 마음에 드는 집 한 채를 찾는다는 게 얼마나 어려운 일인지를 깨닫게 되었다. 그러니까 땅 보러 갔다가 인생이 그리 호락호락하지 않다는 깨달음만 얻고 돌아오기 십상인 여행이었다.

대신 '이건 아니지', '이건 안 돼'가 반복되면서 그 반대급부로 내가 원하는 집에 대한 그림이 좀 더 확실하게 마음에 그려졌다. 강원도에서 얻은 수확이라고는 달랑 그것뿐이었는지도 모르겠다. 하기는 경치 구경깨나 하고, 맛있는 것들 찾아 먹으러 다니기도 했으니 몸은 고되도 마음 호강은 시켜주었나, 싶기도 하다.

● 땅만 건질 것인가, 집도 건질 것인가… 고민은 시작되었다

내 경우에는 땅만 구입해서 새집을 짓는 것은 엄두가 나지 않아서 1차로 포기했다. 집을 짓는 것은 단독 주택이나 전원주택을 꿈꾸는 사람들의 로망이지만, 집 짓고 난 사람들이 입 모아 하는 말이 '내 평생 두 번 다시 집은 안 짓는다!'라는 걸 잘 알고 있기 때문이었다.

게다가 집을 새로 지으려면 시간도 오래 걸리기 때문에 성미 급한 나에게는 아무래도 부적합한 선택일 터였다. 집을 설계하고, 짓고, 나무 심고, 잔디 깔아서 볼만하고 살 만한 내 집으로 만들려면 적어도 5년은 걸린다는데…. 검은머리 파뿌리 될 그 기간을 어찌 견디겠는가. 게다가 사람 일은 한 치 앞도 모르는 법인데 그사이 무슨 일이 생길지 어떻게 아나. 짓는 것은 포기! 나는 고쳐서 살 수 있는 집을 찾아보기로 마음을 굳혔다.

● 강원도는 땅도 비싸고, 세금도 비싸다! 돈 없이는 가지 말 것!

나의 첫 도착지였던 강원도는 이래저래 수준에 맞지 않았다. 마음에 드는 집이 나타나면 크기도 크지만, 값이 어마무시하게 높았다. 단출하게 살고 싶은데 너무 큰 집은 관리하기가 버겁다. 게다가 강원도를 휘저으며 집 보러 다니다 우연히 만난 마을 이장님 한 분이 신신당부하셨다.

"주말에 잠깐 와서 전원생활 즐기려는 생각으로 집 사는 거면 하지 마쇼. 바깥양반은 마당 풀 뽑다 볼일 다 보고 마나님은 집 안 먼지 닦다 화딱지 나니까!"

나야 주말에 내려가 전원생활이나 희희낙락 누려보겠다는 심산은 아니었지만 그래도 괜히 화들짝했다. 게다가 강원도는 땅을 구입하면 세금도 비쌌다. 못 간다. 어떻게 가나. 그 돈이면 서울에 작은 주택을 살 수도 있겠구먼!

● 땅이 마땅치 않을 때는 집의 형태를 먼저 고려하는 것도 방법

맨땅에 헤딩이라더니… 땅을 찾아다니는 일은 무모함이 필요했다. 돈 생각도 안 하고, 그 땅에 얹힌 집의 상황 같은 것도 전혀 고려하지 않는 무모함이라야 땅 사기가 쉽다. 나야 어디 그럴 만한 배짱이 되나. 가진 돈은 개미 수준인데 꿈꾸는 집은 호랑이굴 수준이니 눈에 차는 땅이 나타날 턱이 있나.

땅이라고 다 같은 땅이 아니라는 사실을 뼈저리게 깨달으면서 나는 생각을 바꿔 먹었다. 내가 살고 싶은 집이 어떤 형태인지부터 고려하기 시작한 것이다. 그런 다음, 그런 집이 많은 곳으로 발길을 옮겨볼 참이었다.

수많은 집들 중에서도 시멘트 집이나 현대적인 소재가 아니라, 자연 소재로 지은 집이 눈에 들어왔다. 하지만 투박한 통나무집은 너무 별장 같은 분위기라 왠지 꺼려졌다. 아무리 피곤해도 한숨 푹 자고 일어나면 심신이 편안해지는 흙집이 점점 끌렸다. 돌아다녀 보니 한옥으로 새로 지은 집은 너무 비싸고 결과적으로 지은 지 70년 정도 된 우리식 흙벽집이 제격이다 싶었다.

행동력 하나만은 누구보다 뒤지지 않는 오미숙, 바로 농가 주택으로 방향을 잡아 우리 선조들의 정취가 서려 있는 옛날 흙집을 찾아다니기 시작했다.

얼마로?

매매가 2천5백만원! 충남 서천의 농가 주택으로 마음을 정하다

2

전국 방방곡곡으로 한옥을 찾아다니다 보니 우리의 근대사가 한눈에 보이는 것만 같았다. 우리나라의 시멘트 집은 대부분 새마을 운동이 시작되면서부터 지어졌다. 새마을 운동을 피해 아직 살아남은 농가 주택, 쉽게 말해 통나무로 대들보를 세우고 흙벽으로 마감한 개량 한옥이 나의 목표였다.

지은 지 70년 정도 된 한옥으로 마음을 정하고 강원도를 벗어났다. 주위에 물어물어 돌아다닌 결과, 1백 년도 넘은 한옥이 멋지게 남아 있는 곳으로는 경상도를 가장 으뜸으로 친다고 했다. 그래? 그렇다면 경상도다! 강원도를 얼쩡거리던 나의 발걸음은 순식간에 경상도를 향해 돌아섰다.

하지만 경상도 역시 나에게는 희망을 주지 못했다. 고풍스러운 한옥만 많으면 뭐하나? 매물도 별로 없고, 값이 너무너무 비싼 걸. 비싸도 그냥 비싼 것이 아니라 10억원 넘는 매물이 발에 툭툭 차일 만큼 너~어~무 비쌌다.

그럼 그렇지. 고택이 괜히 고택이겠나. 그저 눈 높은 나를 탓하고, 경상도 양반집은 포기하자. 이어서 제주도도 잠깐 생각했지만, 아직 고등학생 아이가 있어 이것 또한 금세 포기했다. 비행기 타고 왔다 갔다 하는 엄마가 되기에는… 나는 그런 재벌가의 마나님이 못 되니까.

오래전의 흙집과 대들보, 대청마루가 남아 있는 집은 생각보다 찾기가 힘들었다. 개발 좋아하고, 아파트 좋아하는 우리나라의 특성상 시골 사람들도 불편한 옛집이 싫다며 너도나도 흙집을 몽땅 부수고 새로 지었기 때문이란다. 도시 사람들은 친환경이니 웰빙이니 하면서 바람을 잡고 있는데, 시골 사람들은 집 짓는다 하면 그 좋은 친환경 집을 다 부수고 간편한 조립식 집을 짓는 걸 선호한다니… 참 아이러니하다. 지극히 개인적인 취향이겠지만 내 눈에는 썩 호감이 가지 않는 게 조립식 집인 데다, 친환경 자재에 비해서 가격이 그리 싸지도 않은데 말이다.

어쨌든 경상도 한옥을 포기한 뒤에는 다시 위로 올라와 경기도 주변을 뒤졌다. 경기도 역시 매물은 많았지만 자연 친화적으로 지은 주택은 가격이 상당히 비쌌다. 모르기는 해도 최근에 공들여 지은 집들이기 때문일 것이다. 10여 년 전, 내가 집을 보러 다닐 때부터 은퇴 후 내려가 살려는 사람이 많았고, 서울과 접근성이 좋은 경기도 지역의 땅값은 천정부지로 뛰었었다.

어디로 가나, 어디로! 그렇게 또 그렇게, 나의 고민과 한숨은 날로 깊어만 갔다.

● 부여, 예산, 서천… 2천만~3천만원 선의 집을 구할 수도 있는 요지

거의 매일, 인터넷으로 '농가 주택 매매'나 '농가 주택 사고팔고' 등의 홈페이지에서 살다시피 하며 적당한 가격의 매물을 찍었다. 그러고는 주말마다 보러 다녔다. 막상 가보면 내 눈에 괜찮은 집은 남들 눈에도 괜찮아 보였는지 버~얼써 나가고 없었다.

발길을 돌려 경기도에서 조금씩 더 남쪽으로 내려가기 시작했다. 서해안을 따라 내려가다 보니 당진에 탐나는 집이 참 많았는데 가격이 생각보다 비쌌다. 어차피 서울로 출퇴근이 안 될 바에야 가격대를 훌쩍 낮춰 2천만~3천만원 선으로 마음을 정했으니 당진도 패스! 더 돌아보니 부여, 예산, 서천 등지에 아직 개발되지 않은 온전하고 아담한 모양새의 농가 주택이 많이 남아 있었다.

결국 나는 충남 서천에서 답을 찾았다. 말 그대로 시골이다. 집은 폐가까지는 아니어도 한없이 낡았지만 조용하고 인심 좋은 마을이었다. 마당에 작은 텃밭을 둘 수도 있고, 울타리를 넘으면 울창한 나무 숲과 꽃과 밭이 지천이다. 마음에 들었다. 게다가 내가 생각했던 예산을 크게 벗어나지 않은 가격으로 구했다는 점이 매혹적이었다.

대지 301㎡(100평), 건물 66.11㎡(22평)에 2천5백만원! 나는 이렇게 턱없이 소소한 돈으로 시골집 한 채를 품에 넣은 것이다. 물론, 살기 위해서는 고쳐야 할 테고 고치는 비용이란 배보다 배꼽이 훨씬 큰 형국이겠지만… 괜찮다! 뒷일은 뒤에 가서 생각하면 그만이다.

● 2천만~10억원까지, 지역마다 가격대는 천차만별

아직 집을 정하지 못한 독자들을 위해서 몇 가지 경험담을 더 소개할 참이다. 앞서도 말했듯이 똑같은 전원주택이라고 해도 그 가격이란 정말 천차만별. 2천만~10억원까지 그 차이가 엄청난 편이었다. 가장 큰 차이는 '지역'에서부터 결정되기 때문에 어디에 집을 얻을 것인지가 관건이다.

나처럼 도시에 살면서 충청남도까지 가는 게 심리적으로 두려운 주부들에게는 용인 IC 부근을 추천하고 싶다. 용인 양지면의 경우, 새로 지은 한옥은 5억~10억원 정도로 가격대가 비싸긴 하지만, 땅만 구입한다면 평당 1백20만원 선을 넘지 않는다. 용인 백암면은, 옛날 집은 3억~4억원대로 평당 1백50만~2백만원 선이며 땅만 구입할 경우에는 90만~1백만원 선으로도 가능하다.

서울과 가까운 이천과 여주도 인기가 많은데 개인적으로는 이천보다는 여주가 좋다. 출퇴근하는 남편이라면 큰 문제가 없을 수 있지만, 계속 살림을 살아야 하는 주부 입장에서는 공장과 물류 창고가 많은 이천보다는 여주가 전원생활의 조용함을 누리기에 좋아 보였기 때문이다.

● 농가 주택을 원한다면 이런 곳부터 뒤지기 시작할 것

농가 주택을 구입하려면 전원주택 전문 중개업소를 이용하거나 '농어촌빈집주인찾기(cafe.naver.com/binjib)'를 이용하면 된다. 또는 전국의 시·군 주택과에 속해 있는 '농어촌빈집정보센터'에 직접 찾아가면 빈집에 대한 정보를 얻을 수 있다. 행정자치부에서 1996년부터 전국적으로 농어촌 빈집 조사를 실시하면서 버려진 농가의 소유주와 수요자를 연결해 주는 서비스를 시·군별로 시행하고 있기 때문이다. 지자체별로 체계가 잘 잡혀 시행되는 곳도 있고, 그렇지 않은 곳도 있지만 일차로 알아보면 상당히 도움이 될 것이다.

뿐만 아니라 전원주택이나 귀농·귀촌, 정부 지원정책 등의 정보를 한자리에 모은 사이트 '그린대로(www.greendaero.go.kr)'는 농촌에서 살아보기 체험 프로그램과 각종 귀농·귀촌 교육을 제공한다. 지자체별로 프로그램이 정리되어 있어서, 살고 싶은 지역을 차분히 둘러볼 수 있는 장점이 있다. 지자체가 운영하는 '농촌주택개량사업' 등도 놓치지 말자. 인구 감소 지역이라면 대출 지원은 물론이고 금리 혜택까지 누릴 수 있다.

3

왜 가려고?

귀농? 아니면 도시 집과 시골집을
동시에? 마음을 확실히 정할 것!

꿈꾸던 농가 주택에 입성해서 살아 보니 농가 주택의 장점만 보이기 시작한다. 농가 주택 전도사라도 되고 싶은 심정이다. 땅 위에 발붙이고 살게 되면서 마음 부자가 된 것 같다. 이 맛에 단독 주택, 단독 주택, 하나 싶다.

요즘엔 중·장년층뿐 아니라 젊은 사람들도 마당 있는 집을 꿈꾸는 경향이 늘어났다고 한다. 꿈만 꾸는 게 아니라 실제로 땅을 사서 집을 짓는 사람이 많아지기도 했다. 하지만 그것 역시 돈이 어느 정도 있는 사람들의 이야기. 얼마 전 3억원대로 집을 짓는 것에 관한 책이 히트를 치면서 서울의 직장으로 출퇴근 가능한 곳에 자신의 집을 짓고 사는 사람들이 많아졌다.

하지만 3억원이라는 돈이 어디 쉬울까. 그조차도 여의치 않은 사람들이 태반이다. 그렇다 보니 마치 대리 만족이라도 하듯, 요즘 대한민국은 캠핑에 빠져드는 것 같다. 아파트를 벗어나서 자연에 잠시라도 머물고 싶은 까닭일 것이다. 유목민처럼 텐트 하나 차에 싣고는 산 좋고 물 좋다는 곳을 이곳저곳 찾아다니는 게 대유행인 게다.

그런데 우리나라 사람들은 정말 집에 대한 욕심이 남다른 것 같다. 캠핑을 가도 집을 짓고, 가구를 들이고, 살림살이를 풀어놓는다. 내 영역 표시를 하는 것이다. 거실을 만들고, 주방은 물론 화장실까지 차려놓는가 하면 영화를 볼 수 있는 스크린까지 펼쳐놓는 캠퍼들을 보면 콘크리트 벽에 갇힌 아파트가 그렇게 답답했나 싶다.

캠핑 장비 들이는 데 기본 1천5백만원을 썼네 하는 경우는 흔하고, 좀 더 썼다 싶으면 4천만원 선을 훌쩍 넘는 경우도 보았다. 그렇게 큰돈을 들여서 마치 집을 옮겨가는 것처럼 캠핑 장비를 짊어지고 다니는 일이란, 자연 어딘가에 내 가족 머무를 '순간의 집'을 짓는 여행 같은 게 아닐까. 이렇듯 여행에 대한 바람이 단순히 관광이 아니라, 자연 속에서 편안하게 머무르는 것으로 바뀌고 있다면 농가 주택은 하나의 훌륭한 대안이 될 것 같다는 생각이다.

꼭 퇴직 이후를 준비하거나 노후를 생각하는 사람들이 아니더라도 아이들이 어릴 적에 자연과 더 가까이 살게 하고 싶다는 마음에 훌쩍 시골로 들어가는 사람들도 많이 본다. 찰나에 잃어버린 것들을 그리워하는 마음을 이왕에 깨달았다면 머뭇거리지 말고 한 살이라도 더 젊을 때 시도해 보는 것이 좋지 않을까.

● 정말 떠날 생각인가? 그렇다면 왜 떠나려고 하는가?

이 책을 냈던 2013년에 농림축산식품부(이하 '농림부')가 발표한 자료에 따르면 귀농 인구는 2011년 1만 75명, 2012년 1만 1,220명이었다. 그런데 2023년 귀농 인구는 41만 3,773명으로 집계됐다. 놀라운 증가폭이다.

나이 든 사람만 귀농할 것 같지만 실상은 그렇지도 않다. 50대가 가장 많고, 30대 이하도
10% 정도를 차지하며 그 수가 꾸준히 증가하는 추세란다. 심지어 요즘은 취업난에 마음고생이 심한 젊은 대학생들도 시골살이에 도전하고 있다. 농림부는 제2차 베이비부머(1968~74년생)의 은퇴, 농촌지향 수요 지속 등에 힘입어, 앞으로도 귀농·귀촌 흐름이 이어질 것으로 전망하고 있다.

한편, 귀농 전 거주 지역을 살펴보았더니 서울·경기·인천 지역이
50%로 나타나, 수도권에서 농촌으로 귀농하는 사람이 가장 많았다. 조사에 따르면 귀농하는 사람들의 동기가 '농사로 수익을 얻기 위해서'만은 아니었다. 오히려 여가와 건강 그리고 농촌 생활의 로망에 대한 기대감이 가장 높았다.

막연히 농사를 짓겠다는 생계 이유만이 아니라, 자연 속에서 천천히 사는 삶을 꿈꾼다는 뜻이리라. 유기농 작물을 기르거나, 자연 친화적인 축산을 꿈꾸거나, 생태 건축물을 지으며 살고 싶다는, 착한 꿈을 꾸는 사람들의 시골행도 참 반갑다.

● 시골로 가기 전에 시골살이를 먼저 경험해 보는 것도 좋다

어떤 나이대건, 어떤 이유에서건 시골살이를 생각한다면 어느 지역으로 가야 할지 정하는 것이 첫 번째 과제다. 만일 귀농을 생각한다면 귀농 캠프나 농촌 프로젝트에 한번쯤 참여해 보라고 권하고 싶다.

특히 도시에서 나고 자란 사람은 자기가 어느 지역으로 가야 할지에 대한 고민이 더 깊을 수밖에 없는 편. 그럴수록 발품을 더 많이 팔고 돌아다녀 보면 자신과 맞는 곳이 어디인지 자연스럽게 결정할 수 있을 것이다. 나 역시 전국 방방곡곡을 둘러보다가 꼬박 2년을 채우고서야 내 맘에 쏙 들어오는 공간을 찾았으니 말이다. 현재 귀농 인구가 가장 많은 곳은 경북. 그러나 어떤 곳이 귀농에 적합한 지역이라는 정답은 없다. 먼저 농촌에 가서 무엇을 할 것인지를 정하고, 그곳이 나와 맞는 곳인지를 꼭 알아봐야 하는 것이 기본이다. 그리고 한 가지 더, 미리 땅과 집부터 덜컥 살 것이 아니라, 귀농 캠프나 빈집 빌리기(농촌 지역에 있는 '귀농인의 집'은 월 10만원에 최대 6개월간 이용할 수 있다) 등을 활용해 적응 기간을 두고, 그 지역을 느끼면서 삶의 전환점을 마련해 가는 과정이 필요하다.

망설여진다면?

도시를 떠날 수 없게 하는 시골살이의 걱정들 & 소소한 해법들

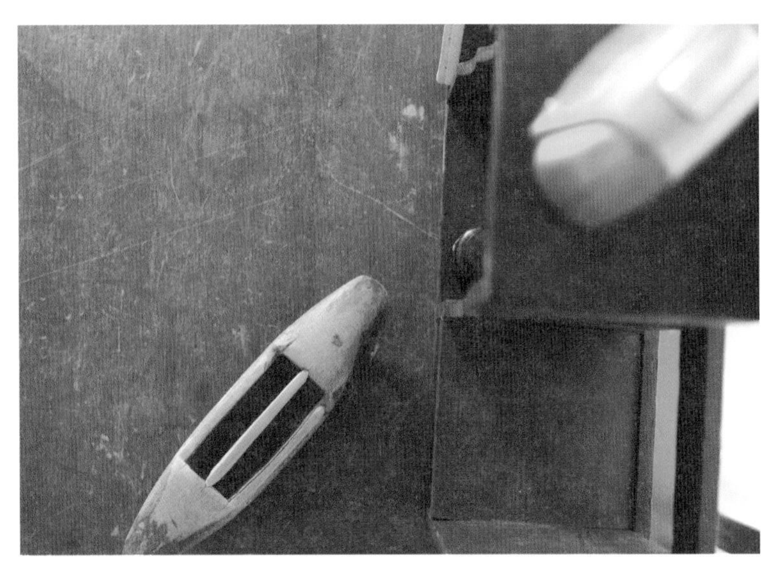

4

내가 농가 주택을 한 채 마련했다고 말하면 모두들 '용감하다'는 첫인사를 보낸다. 멋지다는 환호성을 날리는 사람들도 대부분이다. 그리고 이어지는 질문들이란 어디냐, 가격은 얼마냐, 주변 환경은 어떻냐 등등이다. 질문이 쏟아진다. 누구나 생각은 하지만 쉽게 발길이 떨어지지 않는 그 길을 내가 먼저 선택했기 때문이리라.

그들 중 대다수가 당장이라도 시골집을 알아볼 것처럼 열정적인 반응들이다. 실제로 나는 생각보다 열렬한 호응에 깜짝 놀랐으니까. 하지만 그뿐이다. 도시에 터를 잡고 사는 사람들에게 시골살이는 지독히 매력적인 일이지만 막상 실천하려고 하면 장애물이 수도 없이 등장하기 때문이다.

하지만 진정으로 뜻을 품으면 길은 보이게 마련이다. 입으로만 바라는 꿈이 아니라 마음이 원하는 일이라면 시골에 살면서 겪어야 할 다양한 문제들은 얼마든지 이겨낼 수 있다. 적어도 시골에 산다는 것이 동화 속의 풍경처럼 달콤하지는 않다는 것을 알고 있는 당신이라면, 그래서 무엇을 잃고 무엇을 얻을 것인가에 대한 생각만 확고하다면 말이다. 나의 주변 사람들과 길고 긴 대화를 나누는 동안 자연스럽게 체득한 몇 가지 이유들, 그러니까 떠나고 싶지만 떠날 수 없게 발목을 잡는 대표적인 이유들을 묶어보았다. 그리고 그에 대한 해답까지는 아니어도 이렇게 극복할 수 있지 않을까, 하는 나의 생각들도 함께 버무려보았다.

● 아이들 교육

주변을 보면 시골에 내려가 살기를 원하는 사람들은 40~50대 남성들인 경우가 많다. 내가 살 집을 구해 직접 디자인과 계획을 세워 개조하고 난 뒤 주변에서 관심을 갖고 물어보는 사람들도 대부분이 연령대의 남성들이었다. 그 나이 대라면 아이들이 한창 공부하는 중·고등학생인 경우가 많다.

만약 아이가 수험생이라면 서울이라도 강남이냐, 목동이냐, 하면서 좋은 학군과 더 좋은 학원 등을 따질 때이기도 하다. 지방에서도 서울로 유학을 오려는 마당에 굳이 시골행을 선택한다는 것은 어지간한 부모로서는 쉽지 않은 일일 것이다.

내 경우에도 평생의 숙원이라고 할 수 있는 시골집을 구하면서 갈등이 많았던 이유는 아직 고등학교에 다니고 있는 작은아이 때문이었다. 군에 간 아들이야 아무 걱정 없지만 덜 자란 아이가 있으니 100% 시골살이는 아직 시기상조라는 판단이 내려졌다. 그래서 아직까지는 완전히 이사하지는 못하고, 마치 주말 별장처럼 사용하고 있는 형편이다. 결국 서울과 시골을 오르락내리락하면서 살고 있는 중인데 이 또한 나쁘지는 않다. 그사이 시골 생활에 충분히 적응할 수도 있을 테고, 그러는 동안 아이도 커줄 테니 몇 해만 그렇게 견디자는 생각이다. 가까운 미래가 눈앞에 보이니 썩 속상할 것도 없다. 어쨌든 그러다 보니 나는 저절로 도심에 또 자연에 집을 풀어놓고 콩팥콩팥 사는 팔자 좋은 아낙이 된 형국이지만 말이다.

● 아내의 반대

40대 이상의 주부들은 우스갯소리로 남편 없이는 살아도, 친구 없인 못 산다고 한다. 남편뿐일까? 쇼핑의 재미(돈 없으면 아이 쇼핑이라도!), 문화생활에 대한 미련… 정신적으로는 아니겠지만 확실히 시간적으로는 자유 부인이 된다. 마음먹기에 따라서는 하루 중 적지 않은 '나만의 시간'을 즐길 수도 있다. 이 모든 것을 포기하고 남편이 원하니 망망대해나 다름없는 시골로 가겠다고 선뜻 나서는 아내가 얼마나 될까? 이런 경우, 남편들은 서운한 마음에 버럭 화부터 내거나 불화를 일으키는 게 다반사다. 그럴 때는 시골로 가자고 생떼부터 쓰기 전에 '이 남자와 함께 일상을 즐기고 싶다'는 생각이 저절로 들 만큼 멋진 남편이 되어주는 것이 우선인데… 눈치에는 소질 없는 남자들이 알 턱이 있나. 내 주변을 보면 남편이 먼저 시골로 내려가 터를 잡고 살다가 부인과 아이들이 뒤따라 내려오는 경우가 종종 있다. 명퇴 후 마땅한 일자리를 구하지 못했거나 자유직업을 가진 젊은 남편들도 있고, 자연스러운 수순으로 노후를 준비하는 50대 이상의 남편들도 있다. 처음에는 당연히 거부하던 그들의 아내는 몇 년 안에 대부분 다 시골에 묻혔다. 여자들은 남자에 비해 마음이 움직일 때까지 시간이 더 많이 필요한 것 같다.

이쯤에서 아내들에게 한마디! 일반 아파트에 살다 보면 집 안에서 남편의 영역은 거의 없다고 봐야 한다. 서재라도 따로 있으면 모를까, 거실 소파와 TV를 차지하고 앉아 있는 것이 전부? 하지만 텃밭 농사부터 집과 마당에 일손을 기다리는 것들이 가득 쌓인 시골에서는 남자들이 할 일이 수두룩하다. 오히려 남자가 여자들보다 더 바쁜 형국이다. 아파트에서는 하루 종일 잔소리를 해도 엉덩이 한 번 떼기 어려운 남편이 시골살이에 숯불 피워 고기 굽고, 텃밭을 가꿔 먹을거리를 마련하고, 땔감 준비를 하는 것을 보면 감탄사가 흘러나올 정도다. 그러니 지금껏 몸 바쳐 살아온 아내로서의 삶을 보상받기라도 하는 심정으로 과감히 시골행을 결정하는 것도 크게 손해 볼 일은 아니라는 사실! 시골집을 찾느라 혈안이 된 남편 때문에 불안한 아내들에게 이 말을 꼭 전하고 싶었다.

● 의료 시설에 대한 불안감

지병이 있거나 잔병치레가 심한 사람은 물론, 100세 고령화 시대로 나아가면서 나이 들수록 병원 가까운 대도시에 살아야 한다고 믿는 사람들이 많다. 나 역시 그렇다. 하지만 그렇기 때문에 움직일 수 있을 때 더더욱 빨리 시골살이의 즐거움을 누려야 한다는 게 내 생각이다. 마음만 있다면 말이다. 특히 요즘은 지방마다 대학병원은 물론 노인 전문 의료시설이 늘어나고 있는 추세여서 병원 관련 부분은 너무 심각하게 고민하지 않아도 좋을 듯싶다. 또 지방이라고 해도 도시에서 차로 두어 시간 거리라면 크게 문제가 될 것이 없고, 다소 멀리 떨어진 지역이라도 위급한 순간에는 기차나 비행기를 통해 이동할 수 있으니 크게 걱정할 일은 아니지 싶다. 서울과 경기도권의 숨 막힐 듯 서 있는 도로 위의 차들을 보면 도시에서 움직이는 것이나 시골에서 오가는 것이 무어 그리 다를까.

● 방범과 안전 문제

시골에 산다고 하면 사람들이 빼놓지 않고 묻는 질문 중 또 한 가지가 '안전하냐?'는 것이다. 아무래도 보안 장치 등이 아파트에 비해 허술한 시골집을 놓고 하는 말일 게다. 하지만 강도나 강력 범죄는 오히려 사람 많이 모여 사는 수도권이 발생 빈도가 높은 편이다. 확실히 그렇다.

농가 주택을 구입하고 개조하면서 주변의 어르신들께 방범 문제에 대해서 여쭤봤었다. 집이라고 담도 없고 초등학생도 훌쩍 넘을 수 있는 울타리뿐이니 보안 회사의 도움이라도 받아야 하는 것이 아닌가 싶어서 말이다. 하지만 서로서로 다 아는 사이에 문 열어 놓고 사는 시골인지라 어르신들은 도둑 걱정은 할 필요 없다는 의견이 대부분이었다. 오히려 지나친 안전장치를 해 놓고 사는 것이 볼썽사납게 느껴질 것 같다는 생각이 들 정도였던 게 사실이다.

어느 곳이건 마음이 적응하기 전에는 늘 불안하고 무섭기 마련이라 생각하면 방범 문제 역시 마음에서 내려놓기 쉬울 것이다. 그래도 걱정된다면 아파트 관리비 내는 셈 치고 방범업체에 맡기는 것도 좋겠다.

● 텃세 혹은 왕따… 이웃 관계

시골에서는 서울처럼 문을 꼭꼭 닫아놓고 살기는 어렵다. 온다 간다 말도 없이 쑥 들어와서 한참을 들여다보는 것이 시골 사람들의 정서이기 때문이다. 이웃들과 사이좋게 지내면 시골 생활은 먼 친척보다 나은 이웃사촌이 되는 것이지만, 그렇지 못하다면 참견하는 이웃 때문에 시골살이를 포기해야 할 지경에 이르는 경우도 많이 생긴다. 내 경험담을 보면 특별히 잘하려는 생각은 없지만 뒷집 할머니, 옆집 할아버지 모두의 이야기를 잘 들어드리는 것이 사이좋게 지내게 된 방법이다. 뿐만 아니라 상대방이 자랑을 한다고 해서 그 자랑에 내 자랑을 얹지는 말 것! 이것이 도시내기가 시골로 이사 와서 지켜야 할 대화의 수칙이다. 주로 자식 자랑이 대부분인데 한 얘기를 또 하고, 또 하고, 하시기는 하지만 우리 엄마아빠 얘기려니 생각하면 맞장구치는 것이 그리 어렵지만은 않다.

열린 마당을 갖고 있는 것은 자연뿐 아니라 이웃의 관심도 자연스레 같이 포함되는 것이라는 생각을 놓치지 않았으면 좋겠다. 농사는 모르면 물어봐서 배우면 되고, 묻지 않아도 이리저리 가르쳐 주신다. 하지만 이웃과의 관계는 옆집인 걸 분명히 알면서도 차갑게 모른 척해도 상관없는 도시와는 사뭇 다르다. 원하는 곳에서 살기 위해 땅도 보고, 건물도 보고, 고치기까지 하면서 애를 쓴 것처럼 그곳에서 행복하기 위해서는 이웃들과의 관계도 따뜻하게 맺었으면 하는 것이 나의 바람이다.

시골로 갔을 때 맞닥뜨리는 환경은 모두 다를 것이다. 내 입맛에 딱 맞을 수도 있고, 주변 사람들의 참견이 너무 싫을 수도 있다. 나는 다가가고 싶은데 워낙 폐쇄적인 마을인 경우도 왕왕 있다. 하지만 그런 이웃들과 마음을 터놓는 일이야말로 내 가족의 안정과 행복을 위해서 가장 우선시되어야 할 점이다. 이런 마인드만 있다면 시골에서도 주위 사람들과 잘 소통하며 지낼 수 있게 될 것이다.

5

결정했다면?

시골살이를 정한 뒤 농가 주택을 고를 때 주의해야 할 백만 가지 일들

지금 고쳐 살고 있는 농가 주택은 아늑한 위치가 첫눈에 마음에 들었다. 어릴 적 외갓집 역시 지금의 집과 비슷한 개량 한옥이었는데, 그 집에서 느꼈던 편안함과 아늑함이 고스란히 전해졌기 때문이다.

집 뒤로는 산이 있고, 집 앞은 툭 트였으며 작지만 개울도 흘러 명당의 기본 조건이라는 '배산임수'에 적합했다. 하지만 위치나 집의 상태가 마음에 든다고 해서 곧바로 계약에 돌입하는 것은 하수나 하는 짓이다. 집을 구입하겠다고 마음먹기 전에 반드시 해야 할 일들을 우선 짚어보자.

● 마음에 든다고 그 자리에서 곧바로 계약하는 것은 금물이다

아무리 집이 마음에 들어도 중개인에게 티를 내지 않는 것이 기본이다. 한 번 생각해 보겠다고 말한 뒤 일단 떠난다. 그러고 집에 돌아가서 다시 생각해 봐도 마음에 든다면 혼자서 다시 한 번 집을 보러 가는 것이 좋다. 쓰고 없어지는 생필품도 아니고 계속 살아야 하는 집을 한 번 보고 바로 구입하는 건 아무래도 모험이기 때문이다.

내가 집을 구할 당시는 겨울이었는데 혼자 다시 가서 한참을 대청마루에 앉아 있었다. 정남향이라 따뜻한 햇살이 안방까지 비치는 것이 마음에 쏙 들었던 데다 바로 뒤로 대나무 숲이 집을 폭 감싸 안고 있어서 여름엔 시원하고 겨울엔 따뜻한 위치라 더 좋았다. 더구나 대번에 덜컥 계약을 하겠다고 달려들지 않았던 터라, 집값 조율을 할 때도 적잖이 득을 보았던 것 같다.

● 마을 회관이나 어르신 등에게 뒷조사(?)를 하는 것도 필요하다

두 번 봐도 집이 마음에 쏙 든다면 이제 그 집의 뒷조사를 해볼 차례다. 집을 구할 당시, 몇 년 정도는 비어 있던 집이었기 때문에 이전에 살던 사람이 어떤 사유로 이사를 나갔는지를 알아보는 게 우선이었다.

한마을에 오랫동안 모여 사는 시골 동네이기에 마을 어르신들이 계시는 '마을 회관'에 가서 여쭤보는 게 가장 빠른 방법. 몇 십 년 전 일도 어제같이 기억하시는 분들이라 그 집을 지은 사람까지 추적이 가능했다. 특히 시세보다 가격이 싼 경우에는 어떤 이유로 그 집이 매물로 나와 있는지 반드시 조사를 할 것을 권한다.

● 그 집에 살고자 하는 목적과 주변 환경을 접목해 본다

집을 구입하는 목적을 다시 한 번 떠올린다. 직접 텃밭 농사를 지으면서 귀농을 생각하는 건지, 가족들이 주말 별장식으로 사용하면서 친인척들에게 공개할 것인지, 부부 중 한 사람이 먼저 내려와 시골살이를 시작할 목적인지 등등 말이다. 내 경우에는 가족들이 주말 별장식으로 사용할 것이기 때문에 주변 환경도 많이 고려했다.

놀러왔다가 시골집에서 밥만 먹다 가는 건 싫었기 때문에 차로 1시간 이내에 사시사철 지방색을 살린 축제가 몇 개나 있는지, 낚시 좋아하는 식구들이 한나절 훌쩍 바다낚시를 할 만한 해변이 가까이 있는지, 오가는 길목에 손쉽게 생필품을 구입할 수 있는 마트가 있는지 등을 꼼꼼하게 따져봤다.

기차역에서 10분 거리, 역에서 집으로 오는 길에 있는 하나로마트, 해변까지 5분 거리, 충청남도와 전라북도 근방에 사계절 20여 개가 넘는 축제가 열린다는 걸 확인한 뒤 집 계약을 마음먹었다.

● 고치든, 그냥 살든, 목돈 드는 집의 뼈대부터 살펴야 한다

나의 경우는 실내 인테리어 디자인을 업으로 삼고 있기 때문에 처음부터 집을 고쳐 살겠다는 의지가 분명했다. 흙집을 처음부터 지으려면 1억원은 우습게 들기 때문이다. 그래서 집의 내부는 신경 쓰지 않고 기둥, 대들보, 서까래 등 골조가 튼튼한지, 뼈대가 좋은 집인지를 중점적으로 봤다.

하지만 만약 공사에 자신이 없다면 이것 외에도 화장실, 보일러, 지붕 상태가 양호한지를 반드시 체크해 봐야 한다. 농가 주택뿐 아니라 단독 주택에서도 돈 많이 잡아먹기로 소문난 부분이기 때문이다.

특히 지붕은 회색 슬레이트 지붕의 경우 심사숙고해야 한다. 이전에 지어진 슬레이트 지붕 소재는 석면이 포함되어 있어 특정 폐기물로 분류되었고, 국가에서 허

가된 업체가 처리해야 하며, 버리는 비용만도 상당하므로 지붕을 꼼꼼히 살펴보는 것을 잊지 말자.
살림만 하지 않고 텃밭을 가꾸며 귀농할 사람들은 보통 3백 평대의 집을 많이 선호하는데 위의 조건을 충족시키면서 깔끔한 집을 1억원 미만에 구입하면 적당한 가격이라고 생각한다.

● **토지대장, 등기부등본, 건축물대장의 확인은 필수다**

위의 기본 조건을 충족시키면서 집과 위치가 마음에 들어 집을 계약하고 싶다면 그다음 할 일은 바로 토지대장, 등기부등본, 건축물대장을 함께 확인하는 것이다. 옛날 집이고 시골에 있는 집들은 집의 소유주가 땅의 소유권 이전을 제대로 해놓지 않아서 파는 사람이 집에만 권리가 있고 땅은 다른 사람 소유인 경우도 왕왕 있기 때문이다.
가볍게 여기고 등기부등본만 확인할 것이 아니라, 건축물대장까지 확인해서 집과 땅을 동시에 매매하는 것인지를 확실히 해 둘 필요가 있다. 그리고 건물이 있어도 대지가 아닌 토지로 되어 있는 경우가 있고, 건물의 등기가 안 된 미등기 건물일 수도 있다. 지금도 시골집은 미등기인 경우가 많으니 서류 열람은 필수다.

● **건축물의 소유권 문제, 지적도상 도로 문제 등도 확인한다**

시골집의 경우에는 무허가 건물의 경우라고 해도 매도자가 아닌 건물 소유주가 나타나 지상권을 주장할 수 있다. 그러므로 매도자와 계약을 할 때 건축물에 대한 소유권 문제는 매도자가 책임진다는 문구를 계약서에 반드시 넣어야만 뒤탈이 없다. 그리고 지적도상 도로가 있는지를 확인해 보는 절차도 필요하다. 지적도상 도로가 있어야 건축 허가를 받을 수 있기 때문이다.

꽃처럼 살자, 했었다.

사느라… 그 마음, 잊고 있었다.

설비 문제 ▶ 시공 팀 선별 ▶ 인부 식사 고민 ▶▶▶▶ 아! 힘들다

나는 주부이고, 엄마이며 실내 디자인과 시공 관련 일을 하는 인테리어 관계자이기도 하다. 몸 하나를 여러 개로 쪼개며 살고 있는 여자다. 어쩌면 시골집을 찾아 전국 방방곡곡을 그리 누빌 수 있었던 데는 내 머릿속에 담겨 있는 아름다운 집을 눈앞에 가져다 놓겠다는 자신감! 바로 이런 게 있었기 때문이 아닌가, 싶다.

그랬다. 자신은 있었다. 내가 직접 진두지휘를 할 참이니 비용 절감도 술술 이어지리라는 기대감도 폭발이었다. 그런데! 막상 집을 구한 뒤 공사를 시작하려고 하니 가슴에 바위 하나가 놓여 있는 기분이었다. 왜 이렇게 무겁지? 왜 이렇게 가슴이 답답하지? 그 정체는 공사를 시작하자 이내 드러나기 시작했다. 곳곳에서 예상치 못했던 문제들이 출두하셨기 때문이다. 도시에서 제아무리 집 좀 고쳐봤다 하는 이력이라도 시골집 앞에서는 속수무책이 되기 십상이었다. 시골집이란… 정말이지 복병이 천지에 숨어 있어서 언제 터질지 가늠조차 할 수 없는 화산 같았다.

고칠 준비

chapter 2

무엇부터?

집을 샀으니 이제 공사만 뚝딱 하면 살 수 있는 거야? 글쎄…

1

공사를 하기 전에 집의 상태를 먼저 살피는 게 우선이다. 그걸 바탕으로 어디를 고치고 어디를 살릴지 미리 충분히 생각해 보아야 한다. 아파트는 내부 공사이기 때문에 짧게는 일주일이나 보름에서, 길게는 한 달 정도면 공사가 마무리되지만, 허허벌판 하늘 아래 공사를 진행해야 하는 단독 주택은 이 날짜를 못 박기가 여의치 않다. 날씨는 물론 자재 수급도 마음먹은 대로 진행되기 어렵기 때문이다.

귀농해서 시골집을 짓고 살아 보신 분들의 한결같은 말은 '급하게 하지 마라'이다. 집을 처음 지어 보는 경우에는 더욱 그렇다. 전원주택을 꿈꾸는 많은 사람들이 스콧 니어링과 헬렌 니어링이 쓴 책 『조화로운 삶』에 감명을 받았다고 말한다. 미국 교수직에서 물러난 뒤 스스로 돌집을 짓고 독야청청 살다간 그의 삶을 부러워하는 것이다.

하지만 책 속의 마법 같은 성공 이야기는 실제와 상당한 차이가 있다. 무작정 돈을 줄이기 위해 내 손으로 집을 고쳐본다거나 신축을 결심하는 것은 무모한 일이다. 전문가가 짓고 고쳐도 하자가 나는 것이 집이니만큼 계획을 꼼꼼하게 세워야 한다. 많은 전문가와 경험자가 강조하고 또 강조하는 것은 초보자가 집에 손대는 것은 살면서 천천히 해도 늦지 않는다는 것이다. 개집이라도 먼저 지어보고, 조금 허술해도 큰 문제가 생기지 않는 창고도 지어보고, 그 다음이 사람 사는 집이라는 말을 잊지 말자.

그런 이유로 집 고치기에 대한 좀 더 자세한 이야기들이 필요할 것 같다. 특히 아파트가 아닌 단독주택에서는 중점적으로 살펴봐야 할 것이 집의 외관이나 지붕 소재, 바닥과 벽뿐만이 아니다. 그 이상 중요한 것들이 산적해 있다.

그중에서도 집을 집답게 해주는 전기, 수도, 난방 등의 설비가 관건이다. 집이 어떤 모양이었으면 한다는 기준도 중요하지만, 누군가 관리해 주는 아파트가 아닌 저마다의 것들이 따로 기능해야 하는 단독 주택은 설비를 꼼꼼하게 해야만 하기 때문이다.

문제는 이런 설비 부분은 전문가가 아닌 이상 상태를 쉽게 알아채기가 어렵다는 것. 집에 큰 관심을 가져본 적 없는 초보자라면 지금부터 내가 하는 말들이 남의 나라 말처럼 들리겠지만, 대략이라도 흐름을 알고 있으면 집을 살피는 데 큰 도움이 될 것이라고 생각한다. 그래서 잠시나마 이야기를 나눈 뒤 건너가기로 한다.

● 따뜻한가? 난방 문제

주택에서 난방은 매우 중요한 문제다. 금액 역시 큰 부분을 차지하는데 가장 손쉽게는 장작이냐, 기름이냐를 선택할 수 있다. 내 경우, 총 4개의 방 중 2개는 나무로 불을 땔 수 있는 아궁이를 살려두었지만, 공사 전문가는 물론 동네 주민들도 강원도가 아닌 이상 나무 수급이 쉽지 않을 것이라는 반응이 대부분이었다. 욕심 같아서는 나무와 기름을 모두 사용할 수 있는 화목 보일러로 하고 싶었지만 예산 때문에 기름보일러를 들였다. 본채의 주방과 곁방에 아궁이를 살려두어 한겨울에는 보일러를 돌리면서 장작을 지펴 난방을 할 참이었다. 아직 한겨울을 나지 않았으니 난방비가 얼마나 나올지 예측할 수는 없지만 아궁이가 있는 방을 2개나 두었으니 큰 걱정은 하지 않는다. 기름 걱정이 커질 때는 방 하나쯤, 동절기엔 폐쇄를 감행할 참이다.

● 물은 새지 않나? 누수 문제

일단 집을 사기 전 빗물의 흐름을 추적해 보는 것이 필요하다. 집을 보러 갈 때 일부러 비오는 날을 골라서 가보는 것도 추천하고 싶다. 마당 딸린 단독 주택에 상하수도 설비가 제대로 안 되어 있으면 낭패를 볼 수 있기 때문이다. 천장이나 벽의 누수는 물론, 큰비나 태풍이 왔을 때 집 밖의 침수 문제까지 신경 써야 하는 것이 기본이다. 누수 문제가 생기면 고치는 데 드는 돈도 돈이지만 삶의 질이 확 떨어진다는 것도 큰 문제다. 생각해 보라. 비오는 날, 집 안에서도 우산과 우비를 갖춰야 할 정도라면 과연 그 집이 편안할까? 하지만 집 안 어딘가에서 물이 콸콸 새거나 하는 큰 문제가 아닌 이상, 일반적으로 개조 공사를 할 때 설비 팀에 누수 검사와 보수를 부탁하면 해결해 준다. 그러니 누수 걱정 때문에 시골집을 포기하는 우를 범하지는 않아도 좋다!

● 외풍은 없나? 창호 시스템

아무리 강조해도 나쁘지 않은 것. 창호는 아주 단단히 방비를 해야 한다. 겨울 추위에 대비해 난방을 제대로 하는 것은 물론, 도시 사람의 시골 생활은 벌레와의 싸움이기 때문에 모든 방문과 창문에는 방충망을 따로 덧달았다. 시골집의 미관을 해치는 것이라 해도 절대 포기할 수 없었다.

이것뿐만이 아니다. 창의 크기를 어느 정도로 할지, 창은 어디로 둬야 환기가 잘 될지, 화장실에는 창을 넣어야 할지 아니면 환풍기로만 할지, 창은 섀시로 할지 나무로 할지… 등등 창문 하나만으로도 결정해야 할 것이 무척 많다. 물론 이 부분에서도 원하는 스타일과 예산을 잘 고려해서 결정해야 할 것이다. 나의 경우 섀시 창문은 아무래도 마음이 가지 않았다. 이전에 살던 분과 이웃 분들에게 여쭤보니 겨울에 그리 춥지 않다는 답변이 돌아왔다. 집 바로 뒤에 대나무 언덕이 있는데 대나무가 겨울철에도 푸르른 정도라면 그리 춥지 않다는 것이다. 결국 섀시 대신 나무로 창문을 짜고 방충망을 안쪽에 덧대는 방식을 선택했다.

● 잘 들어오나? 전기 문제

기존에 있던 오래된 전선들은 겉으로 멀쩡해 보인다고 그대로 두면 화재로 이어질 수 있으므로 모두 새로 교체하는 것이 좋다. 자칫 잘못하다가는 온몸과 온 재산을 다 바쳐 찾고 고친 꿈의 집을 홀랑 태워먹는 낭패를 볼 수 있기 때문이다. 겨우 전선 하나 잘못 관리했던 사소한 실수 때문에 말이다. 흙벽에 서까래가 노출된 농가 주택의 문제는 전선 매입이 안 된다는 것. 그러므로 전깃줄을 얼마나 절묘하게, 얼마나 예술적으로 매는가도 중요하다는 게 내 개인적인 생각이다. 옛날 농가 주택은 TV선 하나 있으면 다행이다 싶게 콘센트가 부족하니 주방과 욕실, 방 등에 필요한 가전제품의 수를 파악하고 그에 맞게 콘센트를 미리 빼 놓는 준비도 필요하다.

● 비바람 막아주나? 지붕

예를 들어 지붕을 손볼 필요 없는 집을 구했다면 돈 천만원쯤 그냥 벌었다고 생각하면 된다. 그만큼 지붕에 돈이 많이 들기 때문이다. 내 경우에는 그런 행운을 찾을 수 없었다. 달랑 2천5백만원으로 얻은 집이 지붕까지 완벽하다는 건… 드라마에서나 찾을 법한 일이니까.

농가 주택의 가장 큰 로망인 흙으로 구운 기와를 얹고 싶었지만 무지무지하게 비쌌다. 장인이 한 장 한 장 손으로 빚은 기와? 쩝! 그런 건 새로 올린 숭례문에나 해당되는 말일 게다. 게다가 집이 그 무거운 기와를 버틸 수 있을 만큼 튼튼한 상태가 아니라는 얘기를 들으니 마음이 심란해졌다. 지붕 잘못 얹었다가 집이 폭삭 내려앉는 꿈을 꾸기도 했을 정도니까.

집을 고치거나 짓는 주인이 흔히 저지르기 쉬운 것이 바로 '폼생폼사'다. 되도록 저렴하면서도 멋있어 보이는 자재를 선택하고 싶은 건 당연지사. 하지만 지붕에서만큼은 미관보다는 기능을 선택해야 한다. 비바람, 눈, 태풍 등에 사계절 내내 시달리는 우리나라 기후를 고려해서 선택해야 하는 것. 기와를 포기한 뒤 선택한 것이 함석 소재였다. 이른바 '슬레이트 골'을 선택했는데 결과적으로는 만족한다.

지붕에서 또 한 가지 고려해야 할 것은 지붕의 소재뿐 아니라 단열이다. 벽을 두껍게 하고 창호를 든든하게 대비했다 할지라도 지붕이 부실하면 열기가 위로 올라가 밖으로 빠져나간다. 그렇게 되면 여름엔 찌듯이 덥고 겨울엔 벌벌 떨게 만드는 추운 집, 당첨이다. 요즘은 지붕에 단열을 할 경우, 지붕재를 얹기 전에 '수성 연질폼' 시공을 한다.

우리 집 같은 경우는 기존의 지붕을 철거하지 않고 그 위에 다시 지붕을 올리는 방법을 선택했다. 비용을 줄이면서 방수와 단열을 동시에 고려한 선택이었다. 또한 여름철 뜨거운 태양이 집 안으로 들어오는 것을 막으려면 처마가 길어야 한다는 점도 염두에 둘 것. 처마가 길면 집 안으로 비가 들이치는 것도 막아주니 더 좋다. 물론, 운치도 있다.

시공은 누가?

농가 주택 공사가 재미나겠다고?
시공 팀 선별부터 난관에 부딪히다

2

사람이 살고 있던 집이거나 상태가 좋아서 바로 들어가서 살 수 있는 집을 구했다면 천만다행이다. 그것도 그런 집을 어느 인심 좋은 주인의 아량으로 싸게 구입할 수 있었다면 자다가도 일어나 절을 해야 할 만큼 횡재를 한 셈이다. 하지만 세상 이치가 어디 그런가. 저렴한 집일수록 고치고 손봐야 할 곳이 많을 수밖에 없다.

특히 나처럼 2천5백만원대의 매우 저렴한 비용으로 집을 산 경우는 '집을 샀다'가 아니라 '땅과 함께 집의 뼈대를 샀다'고 표현하는 편이 맞을 것이다. 만약 내가 아무리 깨끗한 집을 구했다고 해도 어차피 고치지 않고 살 성품은 아니었다. 그래서 나는 뼈대만 살릴 수 있는 집을 찾아다녔는지도 모른다. 그때 이미 알고 있었다. 2천만원에 사서 5천만원 들여 고치게 될 것이라는 사실을!

하지만 도시에서는 전세 하나 얻기도 어려운 그 돈으로 자연과 벗하며 살아갈 수 있는 꿈의 집을 가질 수 있는데… 포기할 이유가 있을까. 농가 주택을 보러 다니기 시작하면서부터 고치고 살겠다고 마음먹은 터라, 집을 계약하고 난 뒤 바로 공사 계획을 잡았다. 위에서도 언급했지만 시골집에서 수리 비용을 아끼려면 화장실, 지붕, 설비, 보일러가 멀쩡해야 하는데 10년 동안 비어 있던 집이라 모두 새로 갈아야 했다.

공사를 하기 전, 가장 중요하게 고려해야 할 항목은 바로 예산. 그다음이 믿을 만한 시공 팀을 찾는 일이다. 사실 내가 업으로 인테리어 디자인을 하고 있다지만, 도심에서 한참 떨어진 충청남도 끝자락에서 아파트도 아닌 주택 공사에 처음 도전하는 터였으니 초보자의 마음으로 다시 시작해야 할 판이었다.

현지에서 시공 팀을 찾기 위해서는 대부분의 사람들이 그렇듯, 근처의 철물점이나 전기 공사를 하는 가게를 찾아가서 공사할 수 있는 사람을 구할 수 있는지 물어보는 일이었다. 그런데 그렇게 물어물어 다녔어도 사람을 찾을 수는 있었지만 비용도 비용이고, 공사하는 기간이 너무 길어지는 것이 문제였다.

집 관련 공사는 자재 값보다는 인건비가 큰 몫을 차지하기 때문에 정해진 기간 안에 빨리 끝내는 것이 비용을 줄이는 방법이다. 그런데 몇 군데 가게를 돌아다녀 보아도 내가 원하는 기간 안에 공사를 끝내줄 수 있다는 시공 팀? 눈 씻고 찾아도 만날 수 없었다. 도시 공사 팀의 빨리빨리 마인드가 시골에서는 전혀 통하지 않았던 것이다.

그래서였구나, 싶었다. 귀농하여 시골집에 사는 사람들이 그 비용을 감당 못해 혼자 힘으로 집짓기에 도전하는 이유가 바로 이런 데서부터 비롯된다는 것을 알게 된 셈이다. 백방으로 알아보다가 결국, 도시에서 나와 함께 일하는 시공 팀을 부르기로 했다. 여관비며 하루 세끼 식사비까지 모두 감당해야 한다는 어려움이 따랐지만 편안하게, 안심하고, 그것도 좋은 끝을 보면서 공사를 마치려면 그 방법이 최선이었다.

공사 중에는?

드디어 시~작! 그런데
인부 아저씨들
밥 챙기다 하루가 다 가려나?

3

일반 사람들은 리모델링 공사를 평생 한두 번이면 많이 하는 것이겠지만, 실내 리모델링을 업으로 삼고 있는 내게 공사 현장의 밥은 무척이나 중요하다. 힘든 인부들에게 고마움을 표시하는 일이기도 하거니와, 길게는 한 달 이상 한솥밥을 먹어야 하는 식구 같은 사이라 고기와 채소가 맞춤으로 어우러진 균형 잡힌 식단은 기본이라고 생각했다. 이른바 인부 아저씨들 모두를 내 집 식구들이라 생각하고 끼니마다 밥을 짓는 일이 시작된 것이다.

게다가 문제는 밥뿐만 아니라 새참까지 챙겨야 한다는 사실이었다. 몸 쓰는 일을 직업으로 하는 사람들이라면 모두 인정하겠지만, 밥 먹고 두세 시간 뒤의 출출함은 밥이 먹고 싶어지는 것과는 또 다른 허전함이다. 그러니 새참이라고 모른 척할 수는 없는 노릇이었다.

공사 팀 먹일 밥을 준비하는 일쯤이야 요리에 자신 있는 내가 제일 좋아하는 분야이긴 했지만, 여관에서 새우잠을 자면서 아침은 식당 밥으로 대충 해결하고 시작해야 하는 특수한 상황의 공사. 그로 인해 밥 차리기는 나의 '미션 임파서블'이 되었다.

번화가라면 일주일에 두어 번쯤은 시켜먹을 법도 하지만, 시골에서 시켜먹을 곳이라고는 중국집과 치킨집이 전부였다. 달랑 그 두 가지 아이템으로 한 달이 넘는 기간의 끼니를 해결할 수는 없었다. 방법이라고는 해 먹는 것! 달리 선택의 여지가 없는 상황이었다.

전기밥솥 두 개로 매일 20인분 이상의 밥과 반찬을 준비하는 동안 나는 또 새로운 세계를 경험했다. 한마디로 식당하시는 분들을 정말 존경하기로 했다는 것? 큰 공사가 하나씩 일단락될 때마다 가볍게 술자리도 갖기 때문에 안주거리도 준비해야 했으니…. 웬만한 식당의 주방 아줌마 노릇을 하느라 언제나 산발을 하고 뛰어다닐 수밖에 없었던 것이다. 아! 다시 기억해도 너무나 잔인했던 나날이었다.

어쨌든 이제 사설은 그만! 이쯤 되었으니 그렇게 사연 많은 내 집을 서서히 공개할 차례다. 물론 번듯하게 고쳐진 집이 등장하시려면 조금 더 인내심이 필요하시겠다. 지금부터는 보다 꼼꼼하게 나의 공사 일지를 펼쳐 보일 참이니까. 공사 챙기랴, 때 되면 밥하고 새참 챙기랴, 정말 정신없었던 그 현장을 공개한다.

너무 늦은 때란 없다.
고쳐 가면서, 손보면서 다시 시작하면 되지.
집도 그리고 인생도.

chapter 3

헐고 짓기

철거 ▶ 설비와 미장 ▶ 목공 ▶ 지붕 얹기 ▶ 실내외 단장
▶▶▶▶ 지금부터 스타트!

수년간 땅을 헤집고 다니더니, 푼돈 들고 궁궐 같은 집을 사겠다고 억지를 쓰면서 큰소리치더니, 나는 인테리어 전문가니까 시골집 하나 고치는 것쯤 누워서 식은 죽 먹기라고 호언장담하더니…. 무릎 깨지고, 피멍 들면서 꾸역꾸역 어찌어찌 시골집 한 채 마련했다. 공사 일정도 잡았다. 여기까지 오는 동안에도 이미 파란만장했는데 이제 드디어 공사가 시작된다. 그렇다면 또 어떤 일들이 일어나 나의 뒷덜미를 잡을까? 두려웠지만 그사이 드문드문 이상한 흥분이 모락모락! 이 집이 완성되었을 때를 상상하는 사이, 굴착기가 집 안까지 덮치며 밀고 들어갔다. 탱크가 따로 없다. 그런데 왜 이렇게 설레는 거지?

거짓말처럼 뚝딱, 집 한 채가 하늘에서 떨어졌다.
그것도 꿈에 그리던 마당 있는 집이다.
그런데 나는 망연자실 담장 너머만 내다보고 있었다.

이거, 어디서부터 어떻게 고쳐야 돼?

공포 영화에 나오면 딱 되겠다, 헌 집 헐기

대나무 언덕에 둘러싸인 집의 전경. 흰색으로 칠해진 높은 담이 화사하긴 하지만 대청마루에 앉아서 툭 트인 전경을 구경하고 싶어서 담장은 모두 허물기로 했다. 본채는 대청마루가 딸린 안방과 그 옆의 주방, 주방 옆으로 건넌방이 딸려 있고 ㄱ자 구조로 방 하나와 재래식 화장실이 있는 구조였다. 여기에 별채 방 앞쪽으로 창고가 서 있는 전형적인 ㄷ자 형태의 농가 주택이었다.

법률상, 대지 1백 평을 구입했다고 해도 그곳에 모두 집을 지을 수 있는 것은 아니다. 법적으로 대지 위에 집을 지을 수 있는 공간이 한정되어 있기 때문이다. 도시일수록 집을 크게 지을 수 있고, 시골일수록 집을 지을 수 있는 공간이 작다. 이 집은 대지 1백 평에 건평 20평대로 지어졌다.

본채의 뼈대는 그대로 살린 채 주방을 입식으로 바꾸기로 계획했다. 화장실 역시 샤워실이 딸린 입식화장실을 들이기로 하고, 맞은편 창고가 서 있는 자리는 방으로 만들어 방 4개, 주방과 욕실 1개가 있는 20평대 집으로 구상을 마쳤다.

나처럼 직접 공사를 하지 않더라도 시골집을 수리하려면 현장에서 인부들의 밥과 음료수, 간식을 챙기면서 하루 종일 현장에 붙어 있어야 한다. 그러므로 집을 고치는 일이 처음이라면 대략적으로 어떤 순서를 밟는지 알아두는 것이 도움이 될 것이다. 적어도 주인이 애정을 가지고 인부 아저씨들과 동고동락해야만 '마음속에 있는 집'에 한결 더 가까운 그림이 만들어질 테니 말이다.

직접 고칠 계획이라면 알아둬야겠다, 공사의 기본 과정

어느 집이나 공사를 시작하기 전에 집주인이 어떤 스타일을 원하는지 정확하게 결정해야 한다. 내 취향을 완전히 파악하고 있는 건축가나 인테리어 디자이너가 공사를 지휘하는 것이 아니라면 공사가 진행되면서 현장 상황과 인부들에게 휘둘리면서 꿈에서 점점 멀어질 확률이 높기 때문이다.

또한 원하는 스타일에서 절대 포기할 수 없는 것과 시간과 비용 면에서 포기할 수도 있는 것에 대한 순위를 미리 정해 두라고 권하고 싶다. 그렇게 마음을 다잡고 있으면 공사 현장에서 밤새 머리 뜯으며 괴로워할 일이 조금은 줄어든다고 말하고 싶다.

공사는 시간과 돈과의 싸움. 전문가에게 맡기지 않고 집주인이 직접 하는 경우 무엇을 포기하고 무엇을 선택할 것인지 균형을 잡지 못하고 결정 장애에 시달리면서 하루에도 몇 번씩 천국과 지옥을 오갈 수 있기 때문이다.

한 가지 더 당부하고 싶은 것은 농가 주택뿐만 아니라, 지은 지 오래된 낡은 집으로 들어가는 경우라면 대부분 그렇듯이 수납공간이 절대적으로 부족하다는 점이다. 아파트와는 확실히 다르다. 수납공간뿐만 아니라 현대식 생활과 상관없이 지어진 곳이기에 침대, 서랍장, 식탁, 소파 등의 가구 놓을 자리도 마땅치 않다. 집을 개·보수 하면서 가구 놓을 자리며 수납공간을 집주인의 라이프스타일에 맞춰 심사숙고한 뒤 안배하지 않으면 막상 살기 시작했을 때 더없이 불편할 수도 있다.

나의 경우는 주방에 놓을 식탁과 안방의 장롱 하나를 제외하고 큰 가구는 모두 포기했다. 짐을 줄이고 줄여서 최소한으로 살아보자는 마음 때문이었다. 도시의 삭막함과 무거움에서 벗어나 자연 속에서 다시 시작하는 삶인데 다시 또 그렇게 물건을 이고 지고 살 수는 없는 노릇이었다.

어쨌든 집을 얻었다면 방법은 없다. 직접 하든, 누구에게 맡기든, 잘 되든, 못 되든 고쳐 살아야 한다. 지금껏 내가 주절주절 이야기했던 사항들은 모두 경험에서 우러나온 것들이므로 적잖은 참고가 될 것 같다. 내친김에 좀 더 핵심적으로, 시골집 공사의 정석을 한눈에 보기 쉽게 정리해 보았다.

농가 주택 공사 진행 순서

철거 → 설비&미장 → 목공사(1주일) → 도장 공사(5일) → 도배 → 타일 시공 → 바닥 시공 → 조명 → 유리 → 기타 마무리&집기 들이기

1 **철거** 재래식 화장실과 창고, 담, 대문, 방 천장 철거.
2 **보일러 공사** 방바닥 높이를 서로 맞추어 보일러 깔기.
3 **욕실 만들기** 재래식 화장실이 있던 자리에 정화조를 묻고, 창고 자리에 욕실 수도 및 배수관을 연결하여 욕실을 만들 배관 작업 착수.
4 **주방 만들기** 재래식 부엌 자리에 수도관과 하수관을 연결하여 주방 짓기.
5 **수돗가 만들기** 화장실과 주방, 수돗가의 배관은 겨울철 동파 방지를 위해 땅속 깊이 묻고, 단열재도 꼼꼼히 두껍게 싸주어 추운 날씨에 동파되지 않게 세밀하게 작업하기.
6 **목공사** 뒤란에 데크 만들기, 천장 마감, 울타리 방부목 치기, 주방 문 만들기, 창문 만들기.
7 **지붕 공사** 내 경우에는 목공 팀이 지붕 공사까지 맡아서 해결!
8 **도장 공사** 벽은 기본이 되는 화이트에 서까래와 문짝, 틀만 진한 커피색 입히기.
9 **도배** 황토벽을 그대로 드러내는 것은 주방으로만 한정. 나머지는 도배로 깔끔하게 마무리했다. 안방은 한지 느낌으로 하고, 군불 때는 방은 어머니를 위해 꽃무늬 벽지로, 게스트 룸은 그레이 톤으로 심플하게 도배.
10 **타일 시공** 욕실은 조금 이국적인 디자인의 타일을 사용하여 경쾌한 느낌을 주었고, 우리 고재 선반을 달고 문짝을 잘라 거울로 만들어 주었더니 독특한 분위기 완성.
11 **바닥재 시공** 방바닥은 장판으로 하고, 주방 바닥은 아궁이에 불을 때야 해서 화이트 에폭시로 마감! 그래야 불 쓰는 것이 편안해진다.
12 **욕실&주방 가구 설치** 욕실에 샤워기, 변기, 세면기 등의 도기류와 액세서리를 설치하고 주방 싱크대는 현대식으로 편리하게 마무리.
13 **유리 및 방충망 설치** 각종 창문 및 문에 유리를 끼우고, 벌레 드나들기 어려우라고 방충망도 착착!
14 **조명 달기** 높다란 천장에 앤티크 등이 무척 잘 어울린다. 특히 주방의 식탁 등은 앤티크 숍에서 사놓고 몇 년을 박스 속에 잠재웠는데, 이렇게 서까래 아래서 근사한 모습을 뽐내는 날이 오고야 말았다.

철거하는 날

철거는 기본적으로 시공 팀에서 깔끔하게 마무리하지만 철거 비용만도 상당하고, 함부로 내다버리면 안 되는 건축 폐기물도 있으므로 꼼꼼하게 챙겨야 한다. 철거 계획을 잘못 잡으면 한 번에 할 수 있는 일을 두세 번 되풀이해야 하는 오류가 생길 수도 있으니 주의할 것.
어디를 어떻게 헐 것인지에 대한 계획을 치밀하게 세워 두어야 큰 문제를 만들지 않게 된다. 특히 오래된 농가 주택에서 주의해야 할 것은 앞장에서도 말했듯이 석면이 포함된 슬레이트 지붕은 아닌지 확인해야 한다는 것. 석면 슬레이트 지붕은 반드시 지정된 업체에서 제대로 폐기해야 하므로 꼼꼼히 살펴야 한다.

굴착기가 들어오더니 문과 담벼락을 우르르 무너뜨리며 철거 시작. 폭삭 내려앉았다. 여기 살던 주인의 지난 시간들이.

나지막한 하얀 담장이 마음에 들었지만 포기하기로 했다. 대신 나무 울타리를 두르겠다고 마음먹었다.

외양간 고치려다 초가삼간 태운다는 속담이 생각나서? 어쨌든 뭐 나무로 지어진 작은 축사도 싹 부쉈다. 소가 없는데 축사는 뭐 하겠느냐 이 말이다.

방과 주방의 천장은 서까래를 합판으로 막아 놓은 일반 아파트와 같은 구조였다. 천장을 철거해서 실고를 높이고 서까래도 노출시켰다.

오래된 집의 문과 창문을 철거하면서 문고리 등은 떼어서 보관해 두었다. 욕실과 창고 방의 방문 손잡이로 쓰고, 더러 고장 난 문의 경첩 교체에 유용하게 쓸 생각이었다.

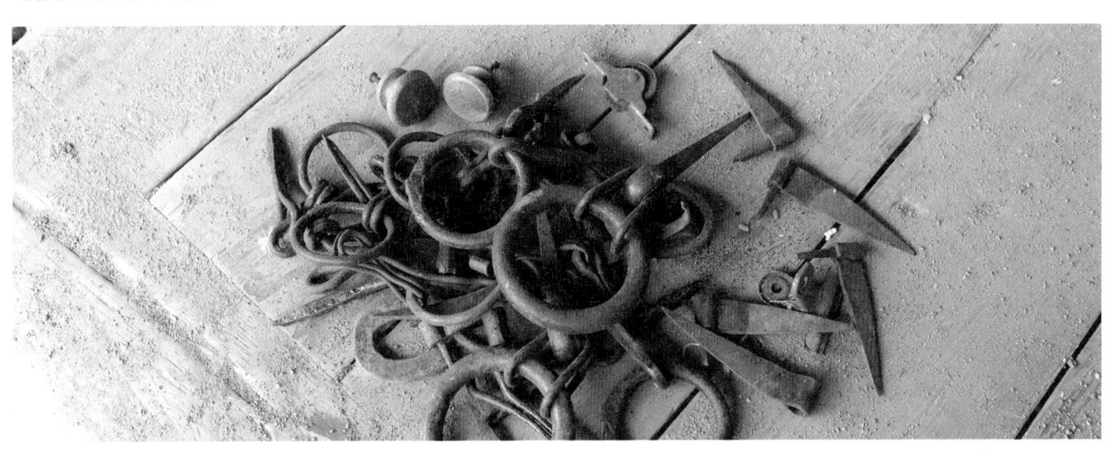

집의 기초, 설비와 미장

집을 고칠 때, 특히 낡은 시골집을 고칠 때 가장 심혈을 기울여야 할 사항은 설비와 미장. 나는 넉넉하게 1주일 정도의 공사 기간을 잡았다. 그런데 오랫동안 사람이 살지 않은 집인 데다 지은 지 하도 오래되어 한번 손을 보기 시작하니 생각보다 점점 더 늦어졌다. 마음이 바빴다.

하지만 집의 기초를 잡는 일이니만큼 서둘러서도, 설렁설렁 넘어가서도 안 될 일이었다. 특히 미장은 날씨가 도와주어야 하는데 다행히도 미장하는 동안 날씨가 좋아서 이번 집은 운수대통이라는 생각에 괜히 기분이 들뜨기도 했다.

이렇게 설비와 미장을 마치고 나면 왠지 집 꼴이 다 갖춰진 것 같다는 착각에 빠지게 된다. 하지만 실상은 딱 절반까지 왔다는 것! 앞으로 더 골치 아픈 일들이 남았다는 사실을 잊으면 안 된다. 수십 차례의 공사를 거치면서도 왕왕 잊게 되고 방심하다가 실수를 하는 일이 생기기 십상이라, 강조하고 또 강조해도 지나치지 않는 말이다. 특히 바닥까지 싹 정리하고 나면 심호흡 한번 하고는 다시 초심으로 돌아가야 한다. 반드시!

천장부터 바닥까지…
몽땅 뜯어내야 했지만 나는 좋았다
집의 속살부터 드러내서 새단장하는게 나의 바램이었으니까.

설비와 미장 1 ▶ 창문 내기

주방과 안방, 창고에 부족한 창문을 냈다. 옛날 집은 문이 창문 역할을 하는 경우가 많아서 주방에는 뒷문만 있을 뿐 창문이 없었다. 밖에서 창문 자리를 뚫었다. 주방과 안방은 벽 중간을 가로지르는 나무틀을 살리며 만든 창문이라 나무의 휘어짐을 따라 창문을 만들었다. 창문은 당연히 직선일 거라는 편견을 버리게 된 공사였다.

창고로 쓰이던 독채의 외벽에도 창문을 냈다.

설비와 미장 2 ▶ 정화조 묻기

정화조 자리를 정한 뒤 굴착기를 동원해서 판다.

땅 속 깊이 정화조를 묻은 뒤 배수관을 연결한다.

묻어 놓은 정화조와 욕실 변기의 배관을 연결한다.

설비와 미장 3 ▶ 욕실 상하수도관 만들기

세면대, 샤워기, 변기 놓을 자리까지 계획한 뒤 욕실 바닥을 판다.

물이 원활하게 돌아다닐 수 있도록 상하수도 배관 작업을 한다.

우리 집의 경우에는 공간이 충분하지 않아서 욕조는 포기했다.

설비와 미장 4 ▶ 주방 상하수도 배관 작업

옛날 집이라 주방 안에 물 쓰는 공간이 없었고, 주방 바로 앞에 수도가 있었다. 수도를 집 앞쪽으로 옮기고 주방 싱크대 놓을 자리를 정한 뒤 벽 밑을 뚫었다.

주방 싱크대부터 이어지는 배관 자리를 만든다. 겨울철에 수도관이 얼지 않도록 땅 속 깊이 묻어 배관을 연결했다.

설비와 미장 5 ▶ 빗물 빠지는 통로 만들기

빗물이 고여 있으면 집 안으로 습기가 차서 곰팡이가 발생할 수 있으므로 빗물은 최대한 빨리 빠지게 고려해야 한다. 처마 밑에 빗물 빠질 통로를 만들었다. 무너지지 않게 큰 돌로 먼저 자리를 잡고 흙을 파서 골을 만든다. 도랑을 만드는 것처럼 작업하면 된다.

설비와 미장 6 ▶ 아궁이와 부뚜막 만들기

부뚜막 아궁이와 건넌방 아궁이의 상태를 확인하기 위해 먼저 불을 피워본다.

만약 굴뚝 여기저기에서 연기가 새어나온다면 보수가 필요하다는 증거.

주방 바닥은 부뚜막의 군불 땔 자리만 남기고 높이를 돋운다.

솥단지 두 개가 놓여 있던 부뚜막은 솥단지 하나만 남기고 정리했다.

장작을 넣어 지필 자리에 벽돌을 쌓아가며 모양을 만든다.

솥단지를 앉히고 수평을 잡은 뒤 연기를 내보낼 파이프를 설치한다.

파이프를 놓은 자리를 따라 벽돌을 쌓아올린 뒤 마감한다.

마무리로 굴뚝을 앉히면 완성!

주방 바닥과 아궁이 주변을 시멘트로 깨끗하게 마감한다.

타일을 망치로 깬 뒤 모자이크처럼 배열해 아궁이를 타일로 붙인다.

설비와 미장 7 ▶ 방과 주방의 바닥 고르기

방 안쪽의 무너진 구들을 들어내고 새로 놓을 준비를 한다.

방은 곡괭이로 바닥을 깬다.

옛날식 주방 바닥을 입식으로 만들려면 일단 황토를 채워야 한다.

주방의 흙바닥에 황토를 넣어서 바닥 높이를 웬만큼 돋운다.

바닥의 난방을 위해 단열재를 깐다.

바닥에 보일러 엑셀을 깐다.

열선 위에 다시 흙을 고루 채워 바닥을 평평히 한다.

바닥을 시멘트로 마감한다. 밑 작업이 끝난 이후, 방바닥은 장판으로 마감하고 주방 바닥은 시멘트 느낌을 살린 에폭시로 처리해서 실용적이면서 멋이 느껴지게 했다.

설비와 미장 8 ▶ 허물어진 밑 벽 보수하기

집이 워낙 오래된 터라 황토벽에서 마감재인 황토가 우수수 떨어지고 무너진 곳이 많다. 꼼꼼하게 손보지 않으면 나중에 하자가 나고, 다시 수리해야 할 번거로운 일이 된다.

무너진 밑 벽 중간에 큰 돌을 끼워 지지할 수 있게 한다.

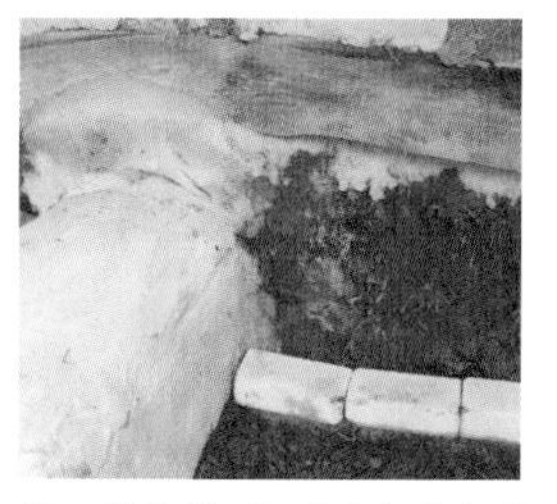
돌 주위에 황토를 개어서 채워 넣는다.

벽 앞쪽에 벽돌을 쌓을 때 시멘트와 방수액을 섞은 후 벽돌 사이를 채워준다.

시멘트와 방수액 섞은 것을 황토벽 쪽으로 채워서 완성한다.

외벽, 특히 눈비에 습기가 차기 쉬운 밑 벽은 꼼꼼하게 마무리한다.

설비와 미장 9 ▶ 장독대 만들기

뒤뜰에 있던 작은 장독대. 자리를 좀 더 크게 내서 넉넉하게 만들기로 했다.

대나무 언덕 밑자락에 타원형으로 자리를 정한 뒤 벽돌로 테두리를 두른다.

벽돌 테두리 안쪽으로 모래를 채운다.

시멘트와 모래를 섞어 미장하여 마무리한다.

주방이나 수돗가와 마찬가지로 타일을 깨서 시멘트 위에 붙여 모자이크 모양으로 장식한다.

대략 마무리된 모습. 잘 굳으면 항아리를 들이면 된다.

설비와 미장 10 ▶ **펌프식 수돗가 만들기**

시골에서 살게 되면 수돗가 펌프에서 물이 나오게 하고 싶었다. 배관을 연결해 앞마당 울타리 쪽에 수돗가 자리를 마련했다.

1차적으로 모래를 이용해 수돗가 자리를 채운다.

수돗가의 테두리를 둘러싸며 벽돌을 쌓는다.

펌프는 골동품 가게에서 구입해 온 것으로 장식용이다. 그럼 어떻게 물이 나오느냐고? 펌프 속에 수도꼭지를 숨겼다.

펌프 속의 수도꼭지를 돌리면 펌프에서 콸콸 물이 나온다.

밋밋하게 마무리하고 싶지 않아서 타일을 깨뜨려 다시 붙였다. 블루 바탕에 베이지가 포인트로 된 펌프대가 완성.

나무로 뚝딱뚝딱, 목공

목공의 큰 공사가 대충이라도 끝나고 나면 집주인이자 인테리어 디자이너이자 건축가 역할까지 겸했던, 아니 겸할 수밖에 없었던 내가 가장 바빠질 차례다. 천장의 대들보 골조를 얼마나 남겨놓을지, 문과 창문은 어떤 스타일로 어떤 두께로 만들지, 나뭇결을 드러낼지 칠을 할지 작은 치수 하나하나가 완성작의 스타일을 결정짓기 때문이다.

실제로 일반인들이 생각하는 집의 개조 공사는 거의 목공에서 이루어진다고 보면 된다. 노트 하나 펼쳐놓을 수 없을 만큼 정신없는 현장이지만 이럴 때일수록 정신 차리고 내가 원하는 그림에 흔들림이 없어야 한다. '한 끗 차이'라는 말, 정말 목공 공사에 잘 어울리는 말인 것 같다.

"집은 마무리되기 전에는 이런저런 말이 많지만 다 짓고 나면 좀 덜하다."

농가 주택을 알아보면서 인터넷 사이트를 둘러보다가 발견한, 황토 집 한 채를 혼자 힘으로 뚝딱 지은 블로거의 집이 기억에 남는다. 참 위안이 되는 말이었다.

아파트나 일반 빌라 실내 인테리어를 할 때는 집주인과 인테리어 디자이너의 의견만 맞추면 되지만 시골에서 농가 주택을 고칠 때는 온 마을 사람들의 참견을 받는다고 생각하면 된다. 게다가 누군가 이사 와서 집을 새로 짓거나 고친다고 하면 온 마을 사람들의 이목이 집중된다. 그리고 그 집이 기존 살던 집과 조금이라도 다르기라도 하면 더욱더 참견이 많아진다.

묻지 않아도 그렇다. 철거할 때부터 담을 부수고 시작한 공사라 동네 어르신들이 오가며 들러서는 공사하는 내내 한두 마디씩 의견을 내세운다. 이건 왜 이렇게 짓느냐, 새로 짓는 게 좋지 않겠는가 하면서 의견이 분분하다.

특히 여자가 집을 고치고 있다고 하니 더욱 그렇다. 하지만 그런 일에 일일이 스트레스를 받거나 흔들리면 집을 고치고 난 뒤에 살기가 더욱 어려워진다. 외부의 충고에 강건할 것! 귀가 얇으면 집이 산으로 간다.

목공 1 ▶ 방 천장 대들보 노출시켜 천장 높이기

천장의 합판을 들어낸 뒤 천장 서까래가 드러난 모습. 막상 합판을 들어내고 보니 작은 서까래까지 노출시키기에는 시간과 인건비가 상당히 요구되는 상황이었다. 천장 황토 메우기 작업과 서까래 닦아내는 작업이 시간과 인건비가 너무 많이 들었기 때문에 큰 보만 보이게 남겨두고 목공으로 마감하기로 했다.

조금 멀쩡한 대들보만 남기고 천장에 나무를 덧대 틀을 만든다.

단열은 물론 표면의 매끄러움을 위해 나무틀에 폼보드지를 덧댔다.

폼보드지 위에 시멘트를 발라 천장을 마감했다.

목공 2 ▶ 창문과 문 만들기

기존의 창문과 문은 모두 떼어낸다.

다시 쓸 문틀은 지저분한 창호지를 벗기고 잘 갈무리해 둔다.

벽을 뚫어 새로 창문을 만든 자리는 그 자리에 맞춰 창틀부터 다시 짠다.

대들보를 살려 창문으로 마련해 둔 곳은 여닫이 창문을 달 곳과 유리를 끼울 곳을 정한다.

창틀에 목공으로 짜놓은 창문을 단다.

여닫이창과 문에 개폐식 방충망을 달 틀을 만든다.

목공 3 ▶ 방 단열재 시공

방이 아니라 창고로 쓰였던 곳은 아무래도 외풍이 심해 단열재 시공이 필요했다. 보온 단열재를 벽에 밀착시켜 본드와 실리콘을 이용해서 붙인다.

보온 압축 스티로폼을 단열재 위에 2차로 붙인다. 목재로 고정시킨다.

빈틈은 폼으로 쏴서 틈을 메워준다. 스티로폼 위로 석고를 치고 마감하면 된다.

목공 4 ▶ 뒤뜰의 데크 만들기

가족들이 모여 바비큐 파티하고 담소를 나누는 곳을 뒤뜰 장독대 옆으로 잡았다.

땅을 고르고 철제 각파이프로 단을 높여 틀을 만든다.

방부목을 깐 뒤 오일 스테인을 여러 번 덧발라 마무리한다.

목공 5 ▶ 울타리와 대문 만들기

담을 철거하고 나지막한 울타리를 벽과 문으로 대신하기로 했다.

철제 각파이프로 틀을 잡는다.

방부목을 틀에 쫙쫙이 박아서 울타리를 만든다. 대문까지 만든 뒤 하얀 페인트를 칠하면 완성.

목공 6 ▶ 지붕 공사

※ 함석 슬레이트는 두 가지 규격으로 나온다. 내가 시공한 제일함석 지붕의 폭은 700mm, 1,000mm 두 가지인데 색상은 원하는 컬러로 주문 가능하다. 지붕 길이를 잰 뒤 지붕의 폭을 무엇으로 할지 결정해서 필요한 수량을 파악한다.

용마루 길이, 차양, 물받이, 빗물 낙하 및 엘보 등 필요한 양을 체크해서 준비한 뒤 기존 지붕의 용마루를 떼어낸다.

나의 경우, 누수를 예방하고 철거 비용을 절약하기 위해 기존의 지붕 위에 덧대는 방식으로 시공했다.

기존 양철 지붕 위에 목재로 새 지붕을 고정시킬 틀을 만들고, 슬레이트 골 모양의 양철 지붕을 얹어 고정시킨다.

용머리를 앉히고 단단하게 고정시키기 위해 실리콘을 돌린다.

처마와 빗물받이를 설치한다. 처마는 비가 집 안으로 들이치는 것을 피할 수 있도록 최대한 길게 빼는 게 좋은데, 한겨울에 집 안에 햇빛이 들어오는 각도를 계산해서 길이를 정하면 좋다.

헌 집은 가라, 도장 공사

오래된 집을 부수지 않고 되살려 살겠다고 결정하면 다 부수고 새로 짓는 것보다 더 귀찮은 일들이 기다리고 있다. 차례차례 찾아오면 다행이다. 다양한 문제가 한꺼번에 몰려드는 경우도 공사 중 번번이 일어난다. 그럴 때는 시간을 선택할지 돈을 선택할지 과감히 결정하는 수밖에….

이번 공사는 내 노동력과 시간을 쓰기로 결정했다. 집 안의 벽이나 바닥 등의 마감이 깔끔하게 되기 위해서는 밑 작업이 깨끗해야 하는데 공사하는 인부들이 아무리 애를 써도 집주인만큼은 아니다. 인부들이 하루 일을 마무리하고 모두 돌아간 뒤에도 혼자 남아 벽과 나무틀 사이에 붙어 있는 반세기를 넘겨 묵은 도배지와 찌꺼기를 떼어내다 보면 다리는 풀려 있고 팔과 어깨, 목은 천근만근 몸이 내 몸이 아니다. 왜 시작했을까 후회하는 것도 이미 늦었다.

도장 공사 1 ▶ 주방 및 외관 흙벽 도색 작업

오래된 황토벽은 부식되어 가루가 날리고 부스러기가 떨어져 칠이나 도배를 할 수 없는 상황이었다.

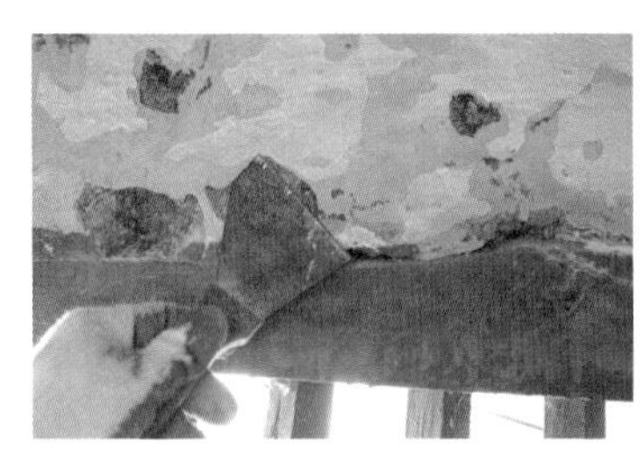

일단 노출된 벽에 황토가 떨어지고 있는 것을 제거했다. 문틀에 붙은 이물질도 제거했다.

지저분한 벽을 털어낸 뒤 너무 벽이 울퉁불퉁한 곳은 핸디코트로 평평하게 메웠다.

메시라고 하는 푸른 망을 황토벽 위에 타카로 고정시킨다. 이 망은 황토가 더 이상 떨어지지 않고 시멘트 미장이 잘 붙게 하는 역할을 해준다.

흙벽에 망을 붙인 다음 시멘트 미장(시멘트+몰탈 본드+바인더 액을 섞은 것)을 황토벽에 넓게 펴 발라둔다.

벽이 다 마르면 도색 작업을 시작한다. 부식이 심하지 않은 곳은 망을 붙이지 않고 시멘트 작업을 해도 상관없다.

하얀색으로 깔끔하게 도색 작업이 끝난 벽. 이렇게 벽면 페인팅이 끝나면 내부뿐 아니라 건물 외부, 마당 울타리 등 도장이 필요한 곳은 모두 꼼꼼하게 페인트칠을 한다. 도장이 끝났을 때 그 개운함이란!

도장 공사 2 ▶ 도배가 필요한 방 내부 기초 작업

방은 벽을 그대로 노출시키지 않고 도배한 상태였다. 도배지가 오래되어 일단 다 뜯어내고 벽을 보수한 뒤 다시 도배하기로 결정했다.

몇 십 년 묵은 도배지를 뜯어내는 데 며칠이나 걸렸다.

서까래와 기둥까지 도배한 상태라 원래 나무틀을 살리기 위해 주걱으로 일일이 나무틀의 도배지를 벗겨냈다. 인부들이 돌아가고 난 뒤 혼자서 밤늦게까지 도배지를 뜯어내는 게 일이었다.

황토벽이 오래되어 도배지가 잘 붙지 않아 바인더 원액(믹싱 리퀴드100)을 롤러로 2~3회 정도 발라주었다.

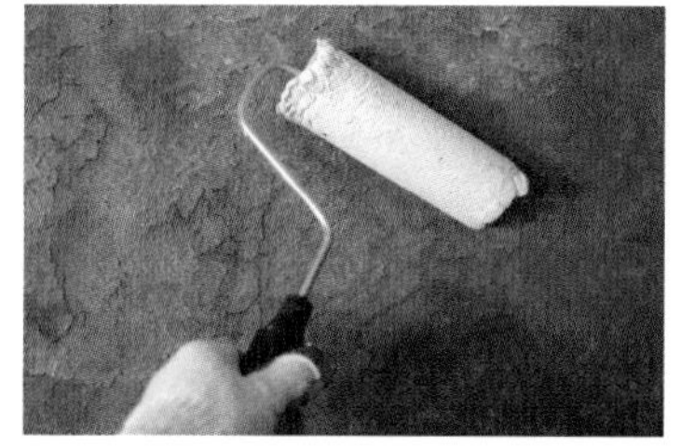

황토벽이 무너지면서 문틀과 벽 사이에도 틈이 많이 생겼다. 그대로 두면 겨울철 난방에도 문제가 있으므로 핸디코트로 메워준다. 핸디코트와 바인더 작업을 마친 뒤 하루 이틀 정도 지나서 도배 작업을 시작한다.

※ 나의 경우, 흙벽은 한지로 도배해서 한기를 막을 수 있게 했다. 안방은 닥종이 모양의 하얀색 합지로, 나머지 방 역시 각기 다른 프린트로 도배를 마무리했다. 우리 전통 한지로 도배하고 싶었지만 예산 문제 때문에 포기한 것이 좀 아쉽다.

고지가 코앞, 기타 마무리

마무리 1 ▶ 방문의 문풍지 바르기

문풍지 바르는 것은 햇살이 좋은 날 하는 게 좋다. 문틀에 맞춰 창호지를 재단한다.

창호지에 풀칠하여 방문에 붙인다.

완성된 문틀은 햇볕에서 바짝 말린다. 그늘에서 말리면 곰팡이가 필 수 있으므로 주의할 것.

마무리 2 ▶ 대청마루 다듬기

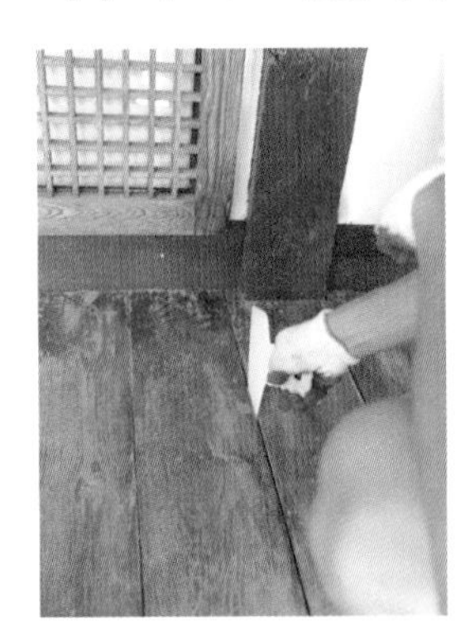

대청마루는 색이 많이 바랬지만 나름 매우 튼튼했기 때문에 표면을 갈아내고 다듬어 사용하기로 했다. 샌딩기로 지저분하고 거친 면만 살짝 다듬어준다.

천연 페인트로 다시 칠하고 오일 스테인으로 마감하면 완성.

마무리 3 ▶ 유리 끼우기

창문은 섀시 대신 목공으로 틀을 만들어 모양을 냈다. 각 부실의 창문 크기가 제각각이라 유리를 주문할 때 사이즈 착오가 생기지 않도록 꼼꼼하게 체크하는 게 가장 중요하다.

안방과 주방의 벽을 뜯고 만든 창에는 유리가 직각이 아니다. 그것을 유리 위에 일일이 그림을 그리듯 그려서 유리칼로 오린 뒤 틀에 끼우느라고, 유리 시공 사장님이 무척 애를 쓰셨다. 네 군데의 곡선 유리를 재단하느라 너무 고생하신 한기복 사장님께 감사의 인사는 꼭 드려야 할 것 같다.

욕실의 유리문도 창틀마다 다른 모양의 유리를 끼웠다.

친절한 견적서 ❶

2013년, 책 속에 공개한 나의 집 공사 경비 내역

※ 공사를 진행하다 보면 최초 견적과 달리 추가 비용이 많이 발생하게 된다.
그러므로 공사비 예산을 잡을 때는 반드시 추가 비용을 고려해야만 차후에 당황하지 않게 된다.

1 굴착기 사용비(정화조 작업 등)	45만원
2 폐기물 처리비(인건비 포함)	1백50만원
3 철물 및 건자재 구입비(정화조와 상하수도 배관 및 보일러 시공용 자재, 시멘트, 모래 등 건자재비 포함)	4백50만원
4 보일러 기계	60만원
5 목자재비(데크와 울타리 방부목 외 목공 사용)	3백70만원
6 각파이프 구입(데크 밑 작업용)	95만원
7 목공사 인건비(10일)	7백50만원
8 지붕 함석 구입비	2백70만원
9 타일 및 부자재 구입 & 시공비	3백80만원
10 도장 공사	5백50만원
11 장판 시공	95만원
12 도배 공사	1백20만원
13 싱크대 시공	1백20만원
14 화장실 도기 & 수전	90만원
15 유리 시공	1백30만원
16 방충망 시공	1백50만원
17 전기 시공 및 조명 공사비	2백47만원
18 숙박비	1백80만원
19 공사 진행 감독관	5백만원
20 공과 잡비(식대 및 간식비 & 기타 잡비)	3백60만원

총계 **5천1백12만원**

2024년, 시세에 맞춰 산정해 본 공사 경비 내역

※ 10년이면 강산이 변한다고 했는데 그보다 더 확연하게 달라진 것이 자재비와 인건비다.
당시에 했던 공사를 지금 진행한다면 대략 이 정도 금액이 필요하겠구나, 싶다.

1 굴착기 사용비(정화조 작업 등)	60만원
2 폐기물 처리비(인건비 포함)	5백50만원
3 철물 및 건자재 구입비(정화조와 상하수도 배관 및 보일러 시공용 자재, 시멘트, 모래 등 건자재비 포함)	9백만원
4 보일러 기계	95만원
5 목자재비(데크와 울타리 방부목 외 목공 사용)	6백60만원
6 각파이프 구입(데크 밑 작업용)	1백80만원
7 목공사 인건비(10일)	1천3백만원
8 지붕 함석 구입비	5백80만원
9 타일 및 부자재 구입 & 시공비	6백50만원
10 도장 공사	9백50만원
11 장판 시공	1백50만원
12 도배 공사	2백50만원
13 싱크대 시공	3백50만원
14 화장실 도기 & 수전	1백20만원
15 유리 시공	3백40만원
16 방충망 시공	2백40만원
17 전기 시공 및 조명 공사비	6백20만원
18 숙박비	3백50만원
19 공사 진행 감독관	1천5백만원
20 공과 잡비(식대 및 간식비 & 기타 잡비)	7백60만원

총계 **1억6백5만원**

헤르만 헤세는 정원 떠나는 법 없이 살았다 했는데…
자연 곁에서 나이 들어갈 생각을 하니 나도 설렌다.

chapter 4

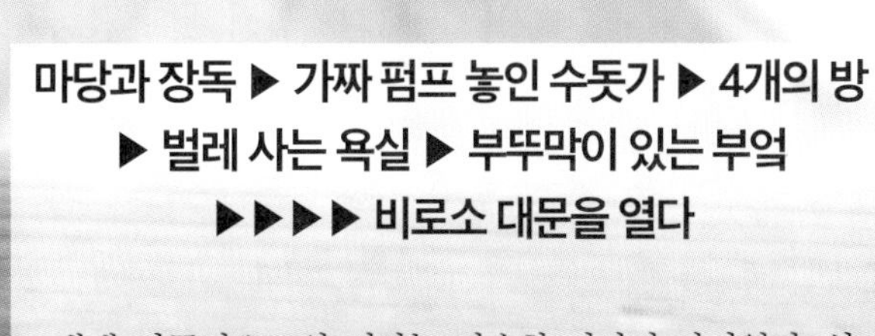

마당과 장독 ▶ 가짜 펌프 놓인 수돗가 ▶ 4개의 방 ▶ 벌레 사는 욕실 ▶ 부뚜막이 있는 부엌 ▶▶▶▶ 비로소 대문을 열다

내게 시골집으로의 이사는 단순한 이사가 아니었다. 삶의 전환. 조금 거창하게 들릴지도 모르지만 그렇게 의미를 부여하고 싶다. 반백 즈음에 결단을 내린 새 인생의 창구 같은 것이라고 할까. 쉬엄쉬엄 살고 싶었다. 사느라 앞만 보고 뛰었던 것이 마치 울혈처럼 내 몸 구석에 쌓여서 힘에 부쳤다. 사는 것이 아니라 견뎌온 나날들이 아니었을까, 라고 생각하게 되는 날이 참 많았다. 집을 구하기 위해 뛰어다니는 동안 나는 줄곧 생각하고, 꿈을 꾸었다. 가고 오지 않는 나의 옛 기억들을 되살리듯, 고치는 게 아니라 되살려서 살 집을 장만하자 했다. 그러면 다시 기억날 듯도 했다. 내가 꾸었던 꿈, 내가 살고 싶었던 인생, 내가 만들어가고 싶었던 미래 같은 것들을 말이다. 잘 되었는지는 모르지만 어쨌든 내 마음이 시키는 대로 한 채의 집을 완성했다.

그 집에 발을 들여놓는데 가만히, 눈물이 났다. 어쩌면 다시 태어나기라도 한 듯, 나는 이곳에서 내 가족과 함께 그려갈 새로운 미래를 준비할 참이다.

집구경

서울에서 닷새 살고, 시골에서 이틀 지내는 '오도이촌(五都二村)' 생활이 시작되다

남에게 맡겼으면 고민하지 않아도 되었을 일들인데 내 손으로 헐고 고치면서 정말이지 고생 엄청 했다. 게다가 '서울서 내려온 여자'가 직접 집을 고친다는 소문이 돌아 온 마을 사람들이 하루도 빼놓지 않고 집 구경을 하러 들렀다.
어르신들은 혀를 끌끌 차면서 한결같은 지청구를 하셨다. 그냥 다 부수고 새로 짓지 왜 애써서 황토벽이며 대들보, 대청마루를 살리는지 도대체 알 수가 없다는 것이었다. 요즘은 시골 노인들도 그런 옛집은 싫어한다고 말이다.
오래된 집을 진짜 오래된 집으로 되살리는 공사를 하는 기간 동안, 바로 옆집도 대대로 살던 농가 주택을 허물고 간이 슬레이트집으로 뚝딱 바꿔 공사를 마쳤다. 이웃 분들은 낮이면 밥하랴 쓰레기 치우랴, 밤이면 벽지 떼어내고 사포질하는 나를 너무 안타까워하며 굴착기가 떠나기 전에 얼른 집을 다 부숴버리라고 몇 차례나 당부하셨다.
하지만 집 뒤로 작은 언덕이 바람막이를 하고 있고, 집 양옆에 이웃 주택이 몇 채 있는 아담한 농가 주택의 운치를 그대로 지키고 싶었던 나는 창고 하나를 부수는 것 말고는 큰 틀에는 손대지 않았다. 대청마루를 뜯어내다니! 그곳에 앉아 하릴없이 마당과 그 너머를 바라보는 것이 내 꿈이었는데! 집은 물론이고 집 주변의 식물, 동물, 주변 환경 등 모든 것이 같이 공존한다는 것을 잊고 싶지 않았기 때문에 이 집을 살리고 있는데!
그래. 나에게는 공사 기간을 두 배로 늘려도 아깝지 않을 만큼 소중한 무엇이 누군가에게는 참 어리석게 보일 수도 있었다. 편리한 도시를 마다하고 굳이 시골집으로 가겠다는 작심만 해도 그렇지 않은가. 하지만 세상의 모든 잣대에 일일이 상대하거나 나의 방식을 주장할 필요는 없다. 나는 공사 기간 내내 귀를 닫고 입을 닫았다. 그저 환하게 웃으면서 네, 네! 하는 대답만 드렸을 뿐이다.

그렇게 뚝심대로 밀고 나갔던 집이 완성되었을 때 집 구경을 하러 오신 동네 분들 얼굴에는 얼마간의 자부심과 뿌듯함이 서려 있었다. 평생 지키고 사셨던 옛날 공간을 다시 곱게 살려 놓은 것을 보니 마음에 드셨나 보다. 잘했다, 애썼다, 정말 잘될 집이다… 집에 대한 덕담도 많이 해주셨다.

좋다. 가만히 바라보기만 해도 좋다. 내 집이 좋고, 이 작은 마을이 좋고, 번듯하게 되살아난 한옥 한 채에 다시 추억에 젖으시는 어르신들의 정겨움도 다 좋다.

사실은 공사란 것이 다 그렇다. 한창 진행될 때는 말도 많고 하지만, 다 끝나고 나면 오히려 평가가 좋아진다. 공사 중의 난장판이 사람들의 인내심을 바닥내기 때문이다. 돌과 흙, 쓰레기가 섞여 뒹구는 맨바닥에서 백이면 백 사람 모두 한마디씩 이 집 공사가 잘못되고 있는 이유에 대해서 거드는 데야 마음이 흔들리지 않을 수 없으니까. 하지만 그런 말에 휘둘리지 말라는 당부를 하고 싶다. 적어도 내가 진짜 원하는 집을 얻으려면 말이다.

우리 시골집에 놀러오는 사람들에게 나는 제일 먼저 집 뒤의 대나무 숲과 인사시킨다. 신작로 사이로 차 한 대가 간신히 지나갈 만한 사잇길이 있고 그 길로 쏙 들어오면 바로 우리 집이다. 찻길도 사라지고 대나무 사이로 난 길을 따라 시골집에 내려오는 동안 힘들고 짜증나던 기분도 슬슬 사라지기 시작한다. 집 전체가 한눈에 들여다보이는 하얀 울타리 너머로 본채가 반듯하게 바라보인다.

하얗게 칠한 울타리 문을 살짝 열고 들어오기 전에 집 앞에 보이는 텃밭과 근처를 지나가는 개울물까지 같이 둘러본다. 집 안에 들어가기 전에 10여 분은 구경해야 하는 집. 그런 시골집을 소개한다.

마당 자랑

흙냄새가 난다. 간절히 소망했던
마당이 생겼다.
오늘부터 나는 마당 농사를 지어야 한다

집 앞으로 펼쳐진 한가한 농촌 풍경. 눈앞에 거슬리는 것 없이 잔잔한 논과 드문드문 서 있는 집들이 봐도 봐도 싫증나지 않는다.
토마토가 익는데 이렇게 오래 걸리는 줄 올해 처음 알았다. 토마토 가지에서도 토마토 냄새가 나는 것도. 방울토마토가 알알이 열렸기에 언제 먹나 한~참을 기다렸다. 위로만 똑바로 자라도록 곁가지를 쳐야 했는데 너무 자유롭게 자라 열매가 오히려 적게 열렸다.

처음 이곳으로 이사 와서 마당 한쪽에 텃밭을 만들기 전에도 푸성귀는 살 일이 없었다. 이웃 어르신들이 오가다 들르시면서 호박, 각종 쌈, 가지, 토마토 등을 한 광주리씩 가져다주셨기 때문이다. 원래 시골에서 밭농사로 어느 정도 자급자족하려면 1백 평 정도는 지어야 한다지만 도심에서 7평짜리 텃밭을 분양 받아도 깻잎과 쌈 채소 정도는 충분히 키워먹을 수 있었다. 그래서 집 주변으로 꽃 화분만 가져다 심는 데 열중했을 뿐, 텃밭은 본격적으로 시작하지 않았는데…. 울타리 옆 빈터에 10평 남짓한 텃밭 자리가 있기에 이것저것 심어보았다.
무얼 심으면 좋으냐고 물어보기도 전에 윗집 할머니께서 씨앗으로 키운 모종을 가져다주시기도 하고, 씨앗도 몇 개 주셔서 훌훌 뿌려봤다. 한 달에 반 정도만 머무르는 터라, 때맞춰 물 주고 잡초 뽑아주지 못해 풀 반, 농작물 반 대강대강 자라는 텃밭이다. 그래도 아쉬울 땐 의외로 한 끼 뚝딱 식사에 기여하는 바가 크다.
시골살이라고 특별한 일상이 있는 것은 아니다. TV도, 인터넷도 설치해 놓지 않은 이 집에서 놀 수 있는 것은 계절이나 절기에 맞춰 작은 텃밭에 채소와 과일을 심어 수확하고, 툇마루에 앉거나 누워서 멍하니 하늘을 바라보는 것일 뿐이다. 해가 떠야만 비로소 일을 하는 것은 도시 농부들뿐이다. 이곳 시골에서는 해 뜨기 전에 이미 오전 일을 마치고, 아침을 먹은 뒤 늘어지게 낮잠을 자고 일어나도 고작 11시경이다. 점심 준비하고 바느질을 해도 해는 영 질 생각이 없다.
올해는 집 단장에 여념이 없어 따로 텃밭 가꾸기에 신경 쓰지 못했지만, 내년에는 집 근처 하나로마트에서도 쉽게 구하기 힘든, 루콜라나 아스파라거스 같은 서양 채소와 로즈메리, 타임 같은 허브 녀석들을 키워보고 싶다. 화분이 아니라 농사짓는 땅에서 자라는 달콤한 채소의 맛을 한껏 즐길 수 있겠지.
진정한 텃밭의 로망인 여러해살이 농작물에도 꼭 도전하고 싶다. 눈 쌓인 밭에서 캐 먹으면 그렇게 맛있다는 시금치, 둔덕에 지천인 쑥, 개울가에서 쑥쑥 자라는 미나리도 나의 시골집 로망이다.

반찬거리가 마땅치 않을 때는 시골집을 마련하고 가장 먼저 산 챙 넓은 밀짚모자를 쓰고 대바구니 들고 자박자박 텃밭으로 나선다. 아직은 도시내기라 그런지 채소를 거둘 때마다 '마트에서 사면 이게 얼마야' 소리가 절로 나온다. 집 앞에 유기농 채소 코너가 있다는 건 정말 신 나는 일이다.

앞마당

이렇게 살았어도 살아졌을 것을, 그동안 나는 뭐가 그리 바빴는지…

목공 팀에서 데크를 짜고
남은 나무로 뚝딱 만들어
준 8인용 테이블. 의자는
각양각색 다른 걸로 놓았
더니 도심 한복판 카페 못
지않은 분위기가 연출된

뒷마당

쌈 채소 몇 장뿐인 소박한 밥상도 밖에서 먹으면 꿀맛이 된다는 진리

시골집을 고치면서 형제자매들, 친구들과 함께 모일 수 있는 공간을 마련하고 싶었다. 그런데 또 주말이면 손님들이 모여 떠들썩하게 노는 모습이 마당에 적나라하게 보이지는 않았으면 싶었다.
이 집은 별장처럼 쓰기도 하고, 내 좋아하는 손님들을 맘 편히 초대하고 자랑도 하고 싶은 공간이기는 하지만 이웃들은 충분히 눈살 찌푸릴 수 있다고 생각했기 때문이다.
고민 끝에 뒷마당에 데크를 깔고 큼직한 테이블을 놓았다. 대나무 그늘이 가려져 한여름 무더위에도 바글바글 모여서 바비큐 파티를 하거나, 땀 빼고 앉아 있다가 놀기 딱 좋은 공간이 완성됐다.

장독대의 장독은 모두 오래된 골동품이다. 기존에 이 집에 있었던 작은 항아리가 두세 개, 큰 항아리는 공사 팀에서 어딘가에서 철거하고 보관해 둔 것을 선물로 주셨다.
장독대 밑으로 작은 야생화와 화초를 조르르 심었다. 화초 주변으로 소라와 조개껍데기를 둘러놓아 구경하는 재미가 더 있다. 나만 그런가?
바구니는 마당 있는 집에서 참 요긴하게 쓰이는 살림살이다. 텃밭에서 넘쳐나는 채소를 거두고 갈무리하는 데도 좋지만 인테리어 소품으로도 제격이다.

수돗가

펌프에서 콸콸 물이… 사실은 펌프 속에 수도꼭지를 숨겨 놓았다

주방 바로 앞에 있던 수도를 앞마당 울타리 쪽으로 옮겨 수돗가를 만들었다. 요즘 우물은 거의 찾아보기 힘들지만 옛날 집의 수돗가 정취를 내고 싶어서 빈티지 매장에서 대뜸 펌프를 사들고 왔다.

그렇다고 이 펌프가 물을 쏟아낼 수 있는 것은 아니다. 그래서 펌프 속에 수도꼭지를 숨겼다. 수도를 틀면 물이 쏟아지니 펌프 기분은 한껏 낼 수 있다.

옛날 외할머니 댁 수돗가 펌프 앞에는 큼직한 빨강 대야가 있어서 그 안에 물 받아 놓고 더우면 등목도 하고 과일도 둥둥 띄워둔 기억이 참 좋아서다. 나는 그 플라스틱 대야 대신 빈티지 매장에서 오랫동안 사용한 듯한 함석 통을 구해 놓았다. 한여름에도 손이 시린 지하수는 아니지만 시골집 기분 내는 데는 최고~!

이웃 분들이 오가며 주신 농작물은 공짜이면서 심지어 양도 많고 밭에서 막 거둔 것이라 풍미가 그만이다. 가지며 호박은 사양 않고 받는 대로 쪽쪽 찢고 잘라 햇빛에 바싹 말린다. 한여름에 부지런히 갈무리해 둔 채소들이 겨울에 요긴하게 쓰이기 때문이다.

개울가에 미나리 뜯으러 갔다가 논우렁이를 한 사발 잡아왔다. 솔로 싹싹 씻어서 우렁된장국이라도 끓여 먹을 생각이다.

냉장고가 작아 과일은 여름내 수돗가 통 안에 담아두었다. 냉장고 안에서 꺼낸 게 아니라 수돗가 함석 통에서 건져내면 기분만으로도 시원하다.

정남향 집의 앞마당에는 뙤약볕이 내리쬔다.

친구들이 놀러와 툇마루 자리가 부족할 때는

직접 재봉틀로 드르륵 박아 만든 캐노피를 걸어 그늘을 만든다.

ㄷ자로 늘어선 처마 밑에 네 귀퉁이를 잡아매면 뚝딱 완성된다.

이웃에서 저렴하게 구입한 진짜 순도 100% 멍석은 낮에는 빨간 고추를 말리고,

밤에는 이슬 맞을까 고추를 거둔 뒤에는

마당에 드러누워 하늘의 별을 보는 용도로 사용한다.

시골살이는 벌레와의 싸움. 소설가 박완서도 시골살이에서 가장 필요한 것이 밤이면 찾아오는 엄청난 숫자의 하루살이며 딱정벌레, 모기, 풍뎅이, 하늘소, 나방 등을 없애는 살충제라고 고백한 적이 있다. 방마다 문마다 방충망을 달았지만 모기약이랑 스프레이도 하루 종일 떨어지지 않게 챙긴다.

화장실 갈 때도, 다른 방을 갈 때도 방에서 나와 신발을 신어야 하는
조금은 불편한 구조. 댓돌 위에는 신고 벗기 편하도록 여분의 고무신을
마련해 두었다. 한 가지 아쉬운 점은 옛날처럼 무광택 고무신은
시판되지 않는다는 것. 한동안 유행했던 젤리 슈즈의 원형인데… 아쉽다.
겨울이 오면 안에 털 달린 고무신으로 구입할 예정이다.

마당에서 즐기는 점심 밥상은 늘 푸성귀가 한가득이다.
김치 두어 접시, 호박잎 쌈, 된장찌개··· 도시에서라면 생선구이나 지짐이라도
내놔야 하나 고민할 텐데 시골 밥상은 이걸로 땡!

흙과 나무, 시골살이를 즐겁게 해주는 모든 것. 두부 한 모를 사기 위해
족히 10여 분 차를 몰고 나가야 할 만큼 불편하지만,
푸른 잎들과 지천에 피어 있는 꽃, 귀를 즐겁게 해주는 새소리에 만족한다.

- 2,7일은
서천 장날
- 모기장
파리채 사오기
SS,TX.79918
TIN,CHARLES
QXAK0010649

구식 안방

외할머니가 쓰시던 방을 재현한 것 같은…
벽장과 쪽문, 티크 장롱이 있는 풍채 좋은 방

좋은 기억이란 켜켜이 세월이 내려앉았어도 여전히 어제의 일처럼 생생하다. 외할머니의 오롯한 한옥이 좋았던 나는 안방에서 풍겨 나오던 그윽한 자태를 늘 가슴에 품고 있었으니까. 드르륵 벽장 속에 담겨 있던 할머니의 소꿉장난감 같은 보물들이며 허리를 굽히고 드나들어야 했던 작은 쪽문, 그 쪽문 너머의 군불 때던 부엌의 풍경 같은 것들. 그 모든 행복한 추억들을 짜깁기해서 만든 안방이 여기 있다. 옛집의 뼈대를 그대로 살려두었던 것은 정말 잘한 일이다, 라고 이 방에 들어설 때마다 생각한다. 도시의 그 어디에서 이런 집, 이런 방의 주인이 되어보겠는가 말이다. 조용한 시골에 와서 나는, 자태 고운 한옥의 안방마님이 되었다.

여름 들어 무더위가 몰려오기 시작할 무렵이었다. 길고 고단했던 집수리가 모두 끝나고 나니 마치 꿈인가, 싶은 생각에 아득해졌다. 내 나름의 단장도 마치고, 안방에 들어와 앉아 한참을 숨죽인 채 귀 기울였다. 시골 소리가 난다. 바스락, 잎사귀 부딪치는 소리와 종알종알 파닥파닥 새소리, 바람이 지나다니는 소리. 그제야 실감이 났다. 아! 나는 시골에 와 있구나, 하는 반가운 느낌. 저녁이 들기 시작하면 여긴 참 따뜻하게 고요하다.

나만 해도 한옥을 경험한 세대였으니 아련하게나마 그 풍경을 간직하고 있지만, 세대를 조금만 건너면 어디 그럴까. 이 고즈넉한 기쁨들을 기억하는 이가 과연 얼마나 될까 싶어서 안타까운 마음이 들 때가 있다. 한옥의 불편함만 알고, 한옥이 주는 섬세한 보살핌을 체험할 기회가 없다는 건 참 속상한 일이다.

그런저런 이유로 나에게 이 나른한 시골의 한옥은 한결 더 의미가 깊다. 상당 부분이 옛것을 그대로 살려 보았으니 그렇다. 뼈대가 살아 있으니 구석구석 새 단장을 좀 했다고 해도 전래 동화 같은 느낌이 살아 있다. 부엌이 딸려 있는 방들이며 구들장, 툇마루와 고무신 놓인 댓돌…. 모든 것이 하나도 빼놓을 것 없이 다 정겹다.

특히 안방은 옛 구조가 잘 살아 있는 공간이다. 투박한 서까래가 드러나는 모양을 그대로 재현한 데다 창도 문도 기본 골조를 흔들지 않고 보완만 해주었더니 영락없이 옛집 그대로다. 게다가 집주인이 수십 년을 곁에 두고 쓰시던 구식 장롱을 고스란히 넘겨받은 것은 마치 횡재라도 한 듯 즐거운 일이었다. 세월이 내려앉아 낡으면 낡은 그대로 더욱 멋스러운 이런 가구를 어디에 간들 살 수 있을까, 싶어 콧노래가 절로 나왔다.

목화솜 틀어 이불 한 채 만들고, 군불 때는 방바닥에 허리 좀 지져야겠다!

요즘이야 가구 디자인이 하도 다양해서 입맛대로, 취향대로 구비할 수 있다지만 우리 어릴 적엔 티크 장롱이나 자개장롱, 대개가 그 두 가지 자태였다. 좀 있다 싶은 집은 섬섬옥수 자개가 박힌 장롱과 문갑이 방 안을 가득 채워 화려했고, 어지간한 집에는 티크 장롱 한 채씩 갖추고 사는 게 보통이었다. 그나마도 형편이 여의치 못했던 집은 장롱 한 채 들여놓기도 쉽지가 않아서 비닐에 지퍼가 달려 있는 비키니 옷장을 두고 살아야 했었다. 장롱이 부와 명예의 상징처럼, 딱 그랬던 시절을 떠올리자니 슬그머니 웃음이 난다.

우리 집 안방에서는 약간의 위엄 같은 게 느껴진다고, 찾아오는 이들마다 입을 모은다. 서까래며 벽장 같은 것들이 지긋하게 세월을 누르고 앉아 있는 데다 창호 문이나 구식 창들이 그대로 남아 있기 때문일 것이다. 물론 자개 박힌 티크 장롱도 한몫을 할 테고.

안방이 안방다웠으면 했다. 세월이 좋아져서인지 아니면 세대 간에 허물없이 살게 된 까닭인지, 요즘은 애 어른 구별이 따로 없을 지경이니까. 안방, 건넌방 할 것 없이 트고 사는 요즘이지만 오래전, 우리들의 아버지가 터줏대감처럼 버티고 계시던 시절에는 안방이 참 어려운 공간이었다. 그 시절의 풍치 좋았던 안방을 추억하면서 꾸민 공간이 바로 여기, 시골집의 안방이다. 크기도 방 중에 최고이거니와 분위기도 중후한 것이 안방다운 자태다.

특히나 안방은 부엌을 바로 지척에 두고 있으니 안방마님의 공간이 분명하다. 굳이 마당으로 돌아나갈 일 없이 방 한쪽에 부엌과 통하는 쪽문이 나 있는 것도 반가웠다. 그래서 쪽문이며 벽장 같은 것들을 그대로 간직한 방으로 수리했더니 제대로 운치가 깃든다. 부엌, 그 작은 쪽문으로 머리를 숙여 들어서면 안방이다. 어른들의 위풍당당한 방이다.

장롱이 있는 자리

살 수도 없는 귀한 가구들로만 채워서 전래 동화인 듯 꾸민 방

안방의 앤티크한 자개가 붙어 있는 티크 장롱은 원래 이집에 있었던 것을 그늘에서 말리고 쓸고 닦아 다시 재활용한 것이다.
일부러 찾은 앤티크가 아니라 오랫동안 이 집에 붙박이로 있던 것이라 요즘엔 구하려고 해도 구할 수 없는 귀한 보물이다. 그냥 넘겨주겠다는 말에 속으로 환호성을 질렀던가. 큰 가구라고는 장롱과 좌탁이 전부. 나무의 숨결까지 고스란히 간직하고 있는 이 좌탁은 오래된 대청마루의 나무를 구해서 다리만 만들어 부착한 것인데 너무 무거운 것만 빼면 다 마음에 든다. 장정 서넛이 밥을 서너 공기씩 먹고 들어야 겨우 들 수 있는 정도의 집채만 한 무게 때문에 함부로 옮기거나 그럴 수는 없는 짝퉁 붙박이다.

빼꼼 훔쳐보면 보물 가득했던 할머니의 벽장을 닮았다.

드르륵, 옛 기억을 열 듯 벽장을 열면 소담한 풍경 하나.

내겐 참으로 귀한 반짇고리를 벽장 속에 모셔둔다. 아, 좋다.

벽장 그리고 쪽문

한옥이 아니면 볼 수도 만질 수도 없는 공간의 미학

벽장을 보고 반가워하는 이웃들이 한둘이 아니다. 찾아오는 이들마다 감탄사를 연발하니까. 이 집을 처음 구경할 때부터 마음에 깊이 새겨 두었던 코너가 바로 여기, 벽장과 쪽문이 있는 자리다. 할머니 생각이 났다. 그 옛날 할머니는 이 벽장에 과자와 사탕을 넣어두었다가 손주들이 오면 하나둘 꺼내 주셨었지. 그래서 손대지 않고, 그대로 매만져서 살려둔 안방의 한쪽 풍경이다.

문을 쏙 닫으면 벽처럼 깔끔하고 열어두었을 때는 예쁜 면만 보이게 물건을 배치하고, 안쪽 깊숙이에는 잡동사니를 양껏 넣어둘 수 있어 합리적이다. 옛 사람들은 배움이 적었을 뿐, 지혜는 따라갈 수 없이 깊었구나 싶다. 게다가 낭만적이다. 공간을 쪼개어 쓴 요량들에서 훈훈한 군불 냄새가 나는 것 같다. 20평대의 작은 집. 작은 방 4개. 그 모든 방은 모두 독채나 다름없다. 거실과 좁은 복도로 연결되어 있는 요즘 일반 집과는 완전히 다른 공간이다. 모든 방은 독립된 문으로 나 있어 신발을 벗고 '영차' 소리를 내며 다리를 힘껏 들어 올려 들어가야 한다. 친정엄마는 일단 엉덩이부터 걸터앉은 후에 슬슬 안으로 들어가신다. 안방으로 들어가는 길은 툇마루가 높이 있어 조금 더 불편하다. 부엌에서 안방으로 들어가는 길이 특히 그렇다. 그래도 고개를 한껏 움츠리고 들어가야 하는 이 문턱을 넘을 때마다 나는 슬슬 흘러나오는 웃음을 참지 못한다. 가구 없이 단출한 이 방이, 내 평생 가졌던 어떤 방보다 내 마음에 쏙 들기 때문이다.

바느질이나 수놓는 일은 큰 솜씨 없이 끈기만 있으면 되는 일이다. 집 안 곳곳에 바느질거리, 뜨개질거리를 두고 시간 날 때마다 조금씩 하다 보면 어느새 작품 하나가 완성! 매달 곳이 천지라서 더 흥이 난다.

반질반질 윤이 나는 투박한 나무에는 화려한 실크나 나염 원단보다는 광목이나 모시, 리넨 같은 천연 섬유가 잘 어울린다. 이 집의 구석구석에는 20년 가까이 한 땀 한 땀 만들었던 모시 발, 수놓은 매트를 올려두었다.

창문에는 커튼 대신 작은 테이블보를 걸어두었다. 여름에는 작은 테이블보를, 겨울에는 조금 도톰하고 큼직한 것을 걸어놓으면 분위기 변화도 쉽고 일반 커튼보다 관리하기도 편하다.

엄마가 시집올 때 해 온 것 같은 야생화 자수가 다시 인기를 끌어 다행이다. 앤티크 소품과 묵직한 나무 가구들이 돋보일 수 있도록 황토벽 대신 화이트 도장과 도배지를 선택한 게 볼수록 잘한 일인 것 같다.

큼직한 테이블 위에 푸른잎 화초 하나, 송이송이 떨어지는 작은 꽃만 올려두어도 하루 종일 행복하다.

수납공간이 부족하다 보니 가벼운 옷걸이가 필요할 것 같아서 창틀 옆으로 못을 박고 와인 코르크 마개를 붙여 두었다. 재료비 0원! 이 집에 근사하게 잘 어울리는 포인트 소품.

저마다 다른 창과 문

아파트의 사각 구조와는 비교할 수 없는 유니크한 공간

방문 하나, 창문 하나. 아파트의 구조란 더도 덜도 없이 인색하다. 모양도 볼 게 없는 사각이다. 도무지 창의적인 생각이 머물 수 없는 공간이다. 하지만 이 집에 와서 아파트에 대한 모든 아쉬움을 다 씻었다. 보상받은 느낌이다. 눈만 돌리면 창이 있고, 문이 있다. 그러니 마음에 무거움을 묵혀둘 필요도 없이 이 방에만 들어와 앉으면 훌훌 가벼워진다.

안방이라고 하지만 그리 크지 않은 공간. 창문도 큼직하고 문도 큼직해 벽에 가구를 붙여 놓을 공간은 아예 없다고 봐야 한다. 한옥에서 살려면 가구나 옷가지를 반은 떨치고 와야 한다더니… 욕심내지 말아야 하면서도 뭔가를 더하고 싶은 마음을 참기 어렵다. 그럴 때는 오랫동안 짊어지고 있어야 하는 가구나 가전제품, 옷가지보다 작은 화초를 들여 마음을 달래기로 마음먹었다. 안방이야말로 한옥의 넉넉함과 운치가 고스란히 살아 있는 공간이다. 이곳이 내 자리라는 게 한없이 기쁘다.

안방에서 배운 인생 하나

낡으면 낡은 대로, 새것은 또 새것대로… 그렇게 살자

이 집의 가구는 모두 직접 만들거나 모아두었던 소품들을 재활용한 것이다. 안방의 거울은 적당한 크기의 8각 소반에 유리를 잘라 붙여 만든 것. 쓰다가 싫증나면 거울 안에 크리스털 조각을 붙이거나 마른 가지, 마른 꽃을 붙여 쓸 계획이다. 안방의 천장을 뜯어내고 보니 대들보를 모두 드러내기에는 나무 상태가 좋지 않았다. 나무를 일일이 다시 깎고 칠하는 것이 하루 이틀로는 해결이 안 되는 상황이라 부득이하게 천장 가운데 나무만 남기고 가장자리 부분을 막았다. 삼각형으로 높아진 것만으로도 분위기가 확연히 달라져 한편 아쉽지만 만족스럽다. 누군가는 못 쓰겠다고 포기한 살림들 거둬다가 정성껏 닦아서 내 것으로 만들었더니 기쁨이 된다. 낡으면 낡은 그대로, 새것은 또 새것의 행복으로… 그렇게 어우러져 살아가는 게 인생이라고, 방이 나에게 말을 걸어오는 것 같다.

분내 난다 작은방 1

한옥 문 너머에는 프릴과 자수 있는 하얀 침구, 새색시 시집온 듯 꽃물 들였다

도시에 자리하고 있는 우리 집에는 방방마다 주인이 따로 있지만, 이 집에는 주인 없는 방이 태반이다. 이 작은 방도 역시 주인이 없다. 아직 가족이 다 내려와 있지 않으니 집이 격식을 제대로 갖추지 못한 것이다. 대신 놀러오는 손님들이 환호성을 내지르는 공간이다. 신혼 기분이 난다고, 친구들이 다녀가는 날이면 서로 자겠다고 떼를 쓰는 자리이기도 하다. 투박한 안방과는 다르게 한껏 멋을 부려 놓았으니 그럴 만도 하다. 연애하는 처녀가 공들여 옷 골라 입듯, 선연한 레이스로 장식해 꾸민 아담한 침실을 소개한다.

마음 시들어가는 날은 이 방에서 한잠 자고 한껏 젊어져야겠다!

이 방은 다른 방에 비해 모든 면에서 좀 처지는 구석이 보였다. 방마다 구들이 있어 따끈하고, 창도 문도 정성이 묻어나는 집인데 유독 이 방만큼은 허드레 창고처럼 느껴지기도 했던 것이다. 이유를 들으니 그럴 만도 했다. 아들 장가들이면서 며느리 맞이하느라 서둘러 낸 별채 방이라 그렇다 했다. 달랑 방만 하나, 창도 아파트 흉내를 내어 반듯한 사각이고, 건축적인 재미가 하나도 없이 사각 박스 같은 모양새였다.

서둘러 만들었으니 공이 덜 든 탓도 있겠지만 옛집 느낌 나지 않게, 현대식으로 만들어주고 싶었던 마음도 있었으리라. 젊은 내외 머무를 방에 구들장 놓고, 서까래 얹을 수는 없었던 어미 아비의 마음 같은 것 말이다.

그도 그럴 것이 여기에 내려와 집을 고치는 내내 어르신들은 너 나 할 것 없이 나를 의아하게 여겼었다. 다 주저앉겠다 싶게 낡은 집, 남겨둘 것이 뭐가 있다고 애를 쓰느냐는 말이었다. 시원하게 헐어내고 새로 짓는 편이 낫다고 지청구 꽤나 들었던 기억이 있으니까. 이곳 어르신들에게는 헌 집이란 그저 낡디낡아 잊고 싶고, 버리고 싶은 세월 같은 것인지도 모르겠다. 도시 사람들 흉내 내어 최신식 집 지어서 번듯하게 살아보고 싶으셨던 것인지도.

하지만 나는 도시의 집에 물릴 대로 물려서 이곳으로 내려온 사람이다. 멋도 맛도 없는 최신식 집 따위가 얼마나 삭막한지를 알아서 이 작은 마을에 한 채, 또 한 채 서 있는 낡은 집들이 오히려 반가웠었다. 그래서 굳이 귀 닫고, 못 들은 척 낡은 집 뼈대를 살려 두었더니 훗날 여기가 점점 꼴을 갖추어 가면서 어른들은 입을 꾹 다무셨다.

고맙다고 하셨다. 어느 분은 그렇게 내 등을 두드려주셨다. 오래된 세월이 다 묻히지 않게 하나하나 되살려주어 고맙다고. 신식 집도 좋지만, 집은 그래도 옛날이 좋았다고 조용조용 말 건네시는 어른들을 뵐 수 있는 게 참 흐뭇했었다. 살아온 날들이 다 소용없는 기억이 된다는 건 슬픈 일이니까, 그 마음이 진심으로 전해졌다.
어쨌든 신식 꼴을 갖추려고 애쓴 흔적이 역력했던 이 방은 그 흔적 그대로 신식 느낌을 살려서 꾸몄다. 딱히 용도가 없는 방이니 그저 누구든 와서 묵어갈 수 있는 게스트 룸으로 꾸며도 좋겠다, 싶었다. 바로 옆에 욕실이 붙어 있으니 쓰기 편리하다는 점도 손님 들이기에는 적당해 보였다.
그래서 특별한 가구도 없이 침대 대용 매트리스에 협탁 하나 달랑 놓아두고 손을 털었다. 대신, 구박덩이 취급한 것 같아 미안한 마음을 작은 소품들로 달래주었다. 꽃수 놓인 새하얀 침구 들여주고, 볕이 좋은 작은 창에는 커튼 대신 빨간색에 가까운 진한 오렌지색 레이스를 걸어 멋을 냈다. 협탁도 낡았으되 로맨틱한 느낌이 나는 트렁크로 대신했더니 저절로 신혼 분위기가 났다. 군에 간 내 아들 장가가면 이 방에 들여도 딱 좋을 모양새가 된 것이다. 놀러온 친구들이 저마다 이 방에 묵어가겠다고 아우성이니 별스럽지도 않았던 공간이 잔뜩 주가가 올랐다. 자꾸 그렇게들 칭찬 일색이니 나도 은근히 탐이 나서 볕 좋은 어느 날, 슬그머니 들어가 누워보았다. 창문 너머 나무를 타고 바람이 은근한 것이 낮잠이 다디달았다. 낮잠 한숨 풀어놓고 가기에는 제격인 방이다.

나지막한 매트리스와 사이드 테이블. 단 두 개의 가구만 놓였지만 소박하다고만은 할 수 없는 분위기가 나는 것은 여성스러운 소품들이 한몫하기 때문. 오묘한 청록색의 트렁크 사이드 테이블 역시 장롱처럼 이 집에 있었던 것을 쓸고 닦아 제자리를 잡아주었다. 앤티크 재봉틀과 스테인드글라스 스탠드와 그림같이 잘 어울린다.

이 집에 있는 4개의 방은 각 방마다 조금씩 콘셉트를 다르게 해서 꾸몄다. 이 작은 방은 내 언니들이나 친구들이 오자 마자 묵을 방으로 콕 찍는, 참으로 여성스러운 분위기다. TV도 인터넷도 안 되지만 마당을 풍경화 삼아 누워 있으면 낮잠도 밤잠도 쿨쿨 오는 아늑한 공간. 면사로 짠 손뜨개 테이블보와 빨간 레이스 커튼, 화이트 침구는 최상의 로맨틱 아이템이다.

옛 살림 컬렉션

낡은 트렁크, 새빨간 레이스 커튼, 재봉틀과 옷걸이… 반갑다

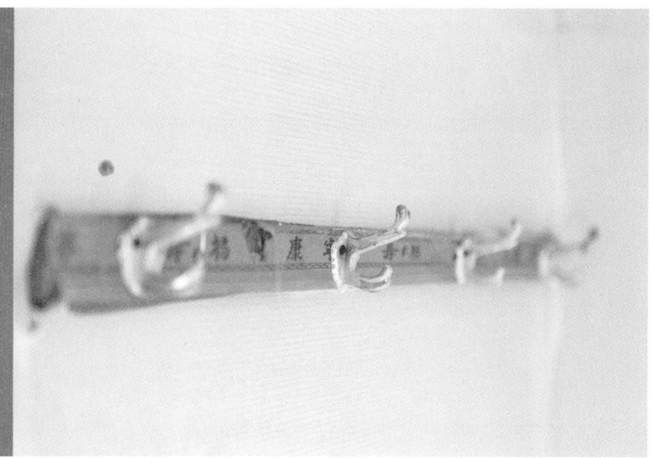

이전 집주인이 아들 내외를 살게 하려고 뒤늦게 새로 지은 방이라 구들도 없고 창문도 현대식인 작은방. 뭐 하나 특별할 것 없지만 작은 손길 더해 주니 환해졌다. 햇빛이 비쳐드는 창가는 어떤 천을 척 하니 걸쳐놓을지 궁리하는 것만으로도 기쁨을 준다. 궁리 끝에 벼룩시장에서 구입한 강렬한 오렌지색 레이스를 하나 걸친 것만으로도 특별함이 생겨났다.

연식이 있는 분들이라면 눈에 익었을지도 모르는 오~래 오래전 옷걸이. 역시나 어디서 구했느냐고 물어오는 이들이 많은데… 거저 얻었다. 이 방에 붙어 있던 옷걸이 틀을 그대로 활용하고 틀 위에 고리만 새로 달았다. 빈티지라고 꼭 플리마켓에서 새로 사야 하는 것이 아니라 집에서 쓰던 것을 요리조리 활용하는 것도 집 꾸밈의 재미다.

작다. 정말 작은방이다.
한옥의 느낌이 전혀 나지 않는,
딱 아파트를 흉내 낸
네모진 창문 하나가 전부인 방.
높은 침대도 부담스러워
나지막한 매트리스와
구식 트렁크로 섬세하고
로맨틱한 분위기를 살렸다.

오래된 것에 대한 로망

집을 완성하고 나서 가구를 들이고 작은 살림살이를 펼쳐놓으면서 그렇게 신 날 수가 없었다. 지금이야 앤티크나 빈티지가 유행이고, 우리네 옛날 살림도 없어서 못 산다고들 하지만 십 몇 년 전만 해도 그렇지 않았다. 어디서 남이 버린 것을 돈 주고 사왔느냐고 식구들한테 구박도 숱하게 받고, 프랑스나 영국 앤티크가 아닌 우리 고가구와 살림살이는 천덕꾸러기 신세이기 일쑤였다. 그래도 굴하지 않고 내 눈에 예뻐 보이는 것을 조금이라도 싼 가격에 구하고 싶어 이리저리 발품 팔고, 놓을 자리도 없으면서 욕심을 버릴 수 없어서 구입한 뒤 상자째로 창고에 넣어두었던 세월이 얼마인지…. 해외 여행을 가서도 벼룩시장 투어는 빼놓지 않을 정도로 빈티지 마니아였던 취미 생활이 빛을 보게 되었으니 이 어찌 기쁘지 않겠는가!

나이 들수록 점점 더 옛것이 그리운 건 추억하고 싶은 게 많아서다

빈티지, 앤티크, 골동품… 한마디로 오래 묵은 물건들은 구입하는 루트가 따로 있다. 가장 비싸게 사는 방법은 이태원으로 가는 것. 물론 이태원에서도 저렴하게 구입할 수 있다. 매장에 전시된 물건은 비싸지만 지하 창고 물건은 한결 저렴하기 때문이다. 예전에는 빈티지 물건을 판매하는 매장을 찾아 구경 다니는 것이 나의 기쁨이자 일이었지만 요즘은 인터넷 쇼핑으로 손쉽게 내가 원하는 독특한 물건들을 구입할 수 있다. 특히 해외에 살고 있는 센스 있는 판매자가 벼룩시장 물건을 골라 판매하는 것들은 우리나라에서 구입하기 힘든 것들도 많으니 빈티지 물건을 구입하는 건 세상사 모든 게 그렇듯이 많이 보고, 많이 실패하는 방법밖에 없는 것 같다. 많이 구경하고 사고 꾸미다 보면, 나처럼 버려져 있는 물건이 매직아이처럼 쏘옥 눈에 들어오면서 어떻게 쓰면 예쁘겠다는 재활용 아이디어가 샘솟을지도!

마음 쉼터 작은방 2

친정엄마를 위한 내 조촐한 선물이다
나이 드느라 지치는 날, 마음 쉬어가기에 좋은 곳

또 하나의 작은방은 역시 아궁이가 살아 있는 방이다. 한 집에 여러 가족이 어울려 살던 시절, 이런 방에는 세 들어 사는 가족이 있게 마련이었다. 그들을 위해 부엌을 겸한 아궁이가 따로 마련되어 있었던 게다. 음식 재료 다듬고 씻는 일이나 설거지 같은 것이야 마당에 난 수돗가에서 해결했으니 찬장 하나만 있으면 여기가 부엌이었을 것이다. 작아서 더 온화하게 느껴지는 이 방은 구들의 능력이 탁월해서 황토방, 그 진가가 제대로 발휘된다. 친정엄마가 다녀가시면서 '이 방은 나 다오' 하시기에 두말 없이 내드렸다.

내 집 장만을 인생의 목표로 두고 살아가는 요즘에는 '한 가족 한 집'이다. 전세도 있고, 월세도 있으니 굳이 내 집이 아니어도 한 가족 한 집은 당연지사다. 오래된 드라마 제목처럼 '한 지붕 세 가족' 같은 풍경은 쉽게 찾아보기 어려운 시절이 된 것이다. 게다가 단독주택의 수가 줄어들었다는 것도 그 이유 중 하나일 것이다. 숨소리까지도 나눠가져야 하는 아파트에서 몇몇 가족들이 어우러져 살아간다는 것은 쉬운 일이 아닐 테니까.

내가 어릴 때는 지금보다 단독 주택이 많았고, 반대로 아파트가 귀해서 '아파트에 살아보는 꿈'을 꾸곤 했다. 아파트에 살면 한겨울에도 반소매 차림으로 산다더라, 하고 부러워했었다. 집집마다 거센 외풍에 겨울이면 방 안에 있어도 내복에다 외투까지 껴입어야 할 판국이었다. 외출했다 돌아오면 식지 말라고 이불 덮어 놓은 아랫목으로 제일 먼저 달려들어서는 손발부터 들이밀었던 기억이 새록새록 하니 말이다.

말을 시작하고 보니 그리운 것들이 참 많다. 그 아랫목, 강아지 털 같은 밍크 담요가 한자리 차지하고 있던 아랫목에는 밥통이 들어 있기도 했고, 떡이나 고구마 같은 게 묻어져 있기도 했다. 뜨겁게 먹으라고 묻어둔 엄마의 마음이었다.

절절 끓는 그 아랫목은 겨울이 지나면 새까맣게 타들어가서 군고구마 껍데기처럼 바삭바삭해졌다는 것. 그런저런 풍경들이 새삼 어제의 일처럼 고스란히 떠오른다. 세월이 참 많이 흘렀다. 아직도 그 시절의 모든 것을 간직하고, 또 이렇게 줄줄이 다 꺼내놓을 수도 있을 만큼 생생한데 어느새 장성한 자식을 둔 어미가 되었으니 세월이란 정말 하 수상하다. 이 방이 새삼, 인생까지 들먹이게 만들고 있으니 그리운 것이 많은 나이이기는 한가보다.

글공부부터 다시 시작해야 하나?
아니다, 마음공부가 먼저다

내가 이럴 때에야 내 엄마는 오죽하실까, 싶다. 내 자식이 자식을 낳아, 그 자식이 또 장가 갈 나이 가까이 되었으니 말이다. 아니나 다를까. 집 구경을 오신 친정엄마의 눈에 이내 꽃물이 들었다. 연세 들어 흐려졌던 눈이 소녀처럼 초롱초롱해지셨다. 반가우신 모양이었다. 그런 엄마와 마주 앉아서 옛이야기가 참 깊었다.

이런 방은 세를 주는 거라고 하셨다. 아궁이 없이는 살 수 없던 시절이니 이렇게 아궁이 딸린 부엌이 있는 방은 세 들이기 딱 좋은 방이라고. 내친김에 장작 심어서 불 때드렸더니 엄마의 얼굴이 한없이 환해지셨다. 깜빡깜빡 졸듯이 잠이 들 뿐, 깊은 잠을 이루지 못하신다더니 군불 때어 절절 끓는 이 방에서 엄마는 모처럼 푹 주무셨다고 했다. 그 말이 참 반갑고 또 고마워서 마음이 한없이 기뻤다.

불 피운 김에 끼니도 이곳의 아궁이에다 해 먹고, 고구마 툭툭 던져 넣어 익혀서는 주전부리로 건네고 했더니 엄마가 '이 방은 내 거다' 하셨다. 그러마고 약속했다. 이 방은 엄마의 방으로 비워두겠다고. 창호 문 활짝 열어 놓고 앉아서 바깥을 내다보는 것만으로도 속이 시원해진다고 하시는 게 좋아서 내 마음도 꽃처럼 활짝 폈다.

마침 꽃그림 벽지를 발라 분단장해 준 것이 잘한 일이다 싶었다. 구식 책상 하나 놓고, 벽에는 괘종시계 하나 댕댕 울리는 방. 오래된 트랜지스터라디오가 소일거리의 전부인 이 방에서는 저절로 문화인이 될 수밖에 없다. 방은 따끈하고, 바람은 서늘한 가을에 이 방에 앉아 책을 읽지 않으면 어디에서 책을 읽겠는가. 만일 내가 작가였다면 대하소설 한 편도 끄떡없었을… 여기는 또 하나의 작은방이다.

책상이 있는 풍경

돋보기 코에 걸친 노모가 책을 펼쳐들고 하염없이 바깥만 내다보신다

군불 때는 곁방은 친정엄마를 위한 공간이다. 벽이나 바닥 등 마감재는 깔끔하게 마무리하자는 것이 기본 생각이었는데 "얘! 난 화사한 꽃무늬가 좋다!"라고 단도직입적으로 방 하나 내달라 하시는 귀여운 친정엄마의 요구에 달달한 꽃무늬 벽지로 마감했다. 잠깐씩 와서 머무르실 공간이라 자잘한 소지품을 올려놓을 수 있는 벽 선반과 구식 책상으로 방 꾸밈 끝!

햇빛 가리개용 테이블보. 역시 커튼 대용으로 걸어놓으니 빛을 발한다.

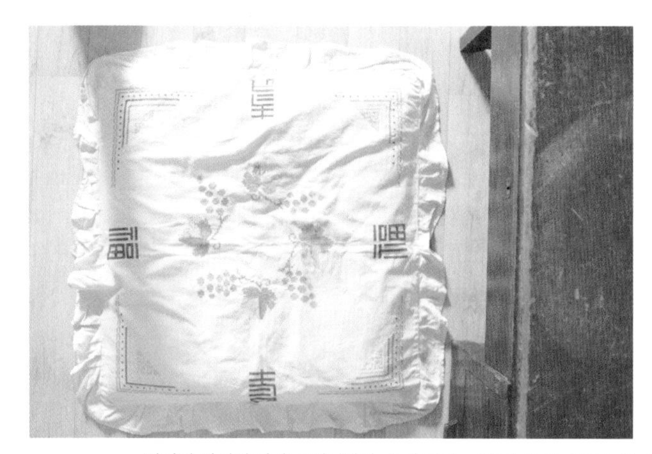

방마다 방석이 의자를 대신한다. 방석 커버는 한 땀 한 땀 수를 놓아 손맛 나는 걸로.

앉은뱅이책상은 골동품 매장에서 구입했다. 아주 작고 오래됐지만 그래서 더 정이 간다.

이 작은방은 창문이 아니라 아예 바깥으로 통할 수 있는 문이 딸려 있다. 뒤뜰로 통하는 집 옆 작은 오솔길이 보이는 곳이라 모기나 벌레가 들어올까 걱정하면서도 매일 문을 활짝 열어 놓지 않을 수가 없다. 가장 좋은 날은 비가 주룩주룩 내리는 날 아궁이에 군불을 때는 것이다. 라디오에서 흘러나오는 음악소리가 빗소리에 섞이면서 등을 뜨뜻하게 지지고 있노라면 세상에서 제일 행복한, 꿈꾸는 사람이 된다.

구닥다리라고 얕볼 수는 없다. 새것만이 아름다운 것도 아니다.
구식 물건이 주는 따뜻함, 편안함, 정겨움, 말로는 설명 안 되는 그리움….
보고 또 보며 감탄하게 되는 옛날식 색 조합. 옷걸이 하나로도 취향에 대해
곰곰이 생각하게 만드는 옛것이 좋다. 노란 벽에 노랗게 칠한 고리가 달린
횃대가 운치 있다. 옷을 걸어도, 비워 두어도 다 좋다.

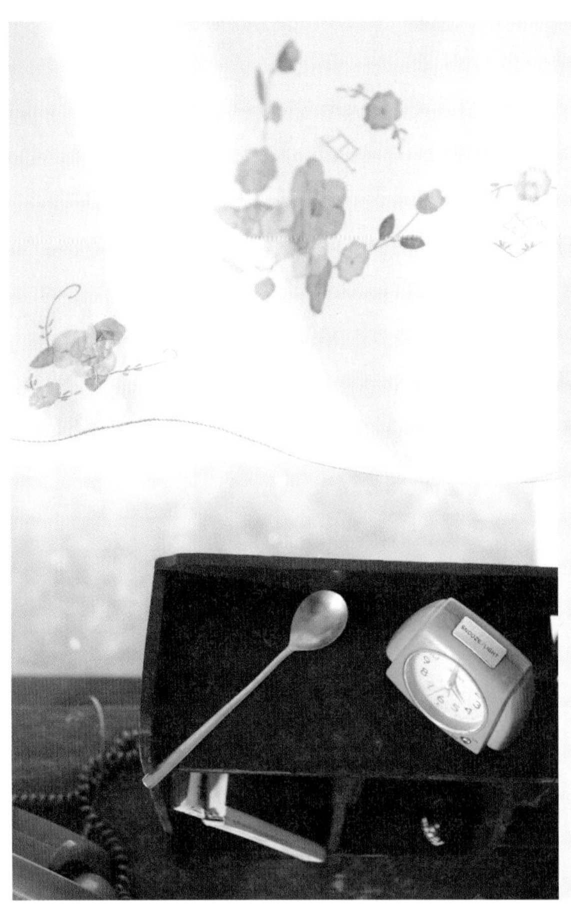

나무와 초록은 참 잘 어울리는 짝꿍이라 그린 톤 물건이 있으면 눈길을 한 번 더 주게 된다. 벼룩시장에서 건져 아담한 책꽂이 위에 올려둔 알람시계는 비싸지 않아도 내게는 값진 보물이다.

댕댕 소리가 정겨운 시계는 아직도 현역. 얼마나 나이가 들었는지는 잘 모르겠다. 다만, 이 아이가 울어줄 때마다 한 번씩 세월이 흐르고 있다는 걸 실감하는 게 재미난다.

일부러 구해다 달아둔 알전구. 요즘은 에너지 효율이 높아 전기를 아껴주는 LED 전구를 많이 쓰지만 친정엄마가 가끔 쓰시는 방이라 백열등을 척 달아버렸다.

라디오와 바구니는 닮은 데가 있다. 이야기를 담고 있다는 게 닮았다.
이야기가 흘러나오는 트랜지스터라디오, 이야기를 품고 있는 바구니.

방에 들어오는 사람마다 소리가 나는지 안 나는지 켜보게 만드는 빈티지 라디오. 소리도 좋지만 모양이 군더더기 없이 똑 떨어진 게 이리 보고 저리 봐도 옛날 사람들의 디자인 감각에 놀랄 뿐이다. TV도 인터넷도 안 되는 집에서 밤 동무가 되어 주는 기특한 물건이다.

아궁이가 있어 절절 끓는 방

쪽잠 자던 친정엄마, 이 방에 와 깊은 숙면을 취하셨으니 됐다! 아궁이 덕이다!

시골 인심이라는 게 그렇듯 고구마 몇 알 얻어들고 오는 일은 다반사다. 니 집 내 집 할 것 없이 편히 드나드시면서 빈손으로 오는 법 없는 시골 어르신들. 그 덕분에 먹을 게 지천이다. 얻어온 고구마를 포일에 하나씩 싸서 아궁이 속에 툭 던져 넣었더니 저 혼자서 이렇게 군고구마가 되었다. 엄마랑 호호 불며 까먹었더니 옛 생각에 마음이 울컥해졌다.

부엌에서 불을 때는 안방과 달리 작은방은 들어가는 입구에 불을 때는 아궁이가 있다. 이 방을 친정엄마가 찜한 이유도 찜질방 갈 필요 없이 황토방에 장작불 때어 뜨끈하게 허리 지지고 싶다는 이유 때문이었다. 나이 들면서 밤잠을 도둑맞았다는 친정엄마는 이 아궁이 앞에서 한참을 불구경하다 방에서 주무시고 나면 그렇게 깊은 잠을 잘 수 없다고 입이 마르게 칭찬이시다. 다 늦게 이 작은 방 한 칸으로 엄마에게 효도하는 것 같아서 내 마음도 좋다.

아궁이 위에 솥단지는 무쇠솥 대신 움직이기 쉽고 물도 빨리 끓는 가벼운 알루미늄 솥을 얹었다. 구들장은 천천히 데워지고 오래가는 편이라 한겨울뿐 아니라 한여름 습도가 높을 때도 잠깐씩 군불을 땐다. 군불 땔 때는 어김없이 솥단지 옆에 붙박이로 두는 바구니 안의 고구마며 감자를 굽는다. 주먹만 한 단호박도 포일에 감싸 구우면 맛있다.

솜씨 자랑 바느질 창고

창고였던 자리에 방이 세워졌다
나 혼자서도 잘 노는 손재주 전시장

살다 보니 집 고치는 일을 즐기게 되어 그 일을 직업으로도 갖게 되었지만, 내 본연의 직업은 주부다. 특히 음식 만들고, 바느질하는 취미가 특기 못지않은 자랑거리처럼 나를 빛내준다. 배우자, 했던 것은 아니었지만 워낙 사람들에게 해 먹이는 즐거움을 좋아하다 보니 요리하는 손이 소문거리가 되었고, 틈날 때마다 하나둘 만들어 본 천 살림들이 쌓여가다 보니 바느질에 자꾸 빠져들었다. 이러저러한 이유로 요리와 바느질을 사랑하는 나였지만 도시에서의 삶은 그것들과 가까이 지내게 내버려 두지 않았다. 그런데 이곳으로 와서 비로소, 다시 그 재미를 되찾았다. 아궁이에 밥 짓고, 빈방에 앉아 바느질을 하면서 나는 나날이 푸르러지고 있다. 행복하다, 진짜. 이 집 덕분이다.

- 2, 7일은
서천 장날
- 모기장,
파리채 사오기

TV도 인터넷도 딱 끊어보자
도시 싹 지우고 노는 유유자적 놀이터

작고 길쭉한 방이지만 하나의 독채로 지붕까지 버젓이 얹고 있는 귀여운 공간. 원래 창고로 쓰던 곳을 방으로 개조했다. 그러니까 완전한 별채가 된 셈이다. 한옥이 워낙 수납공간이 부족해 창고 용도로 남겨둘까 하다가 식구들이 많이 놀러왔을 때 편안하게 쉴 수 있도록 방으로 만들었던 터다.

농기구와 각종 잡다한 짐을 보관하던 곳이라 창문도 없고, 바닥 난방도 안 되는 상태였는데 구조는 변함없이 천장을 드높여 서까래를 드러내고 원하는 곳에 얼렁뚱땅 작은 창문을 뚫었다. 다른 방의 창문은 사람이 드나들 수 있는 문만 하니, 이 방은 일부러 작은 창을 냈다. 대신, 문은 불투명한 유리를 끼워 실내에 빛이 잘 들어오게 했다. 남 눈치 볼 것 없이 내 맘대로 손보는 집이니, 뭐는 꼭 이래야 한다는 법칙 없이 마음 가는 대로 만든 것.

본채보다 나중에 지은 거라 서까래 상태가 다른 곳보다 훌륭해 서까래를 모두 드러낸 것도 이 방만의 개성이 되었다. 옷걸이와 소가구 하나 들여놓고 그저 내 작업실로 쓸까 어쩔까 생각 중이었다. 아니, 사실은 방이 하나 갖고 싶기는 했다. 순전히 나만을 위한 방. 내가 좋아하는 일을 마음껏 할 수 있고, 내가 놀잇감들을 한껏 늘어놓아도 눈치 볼 일 없는 그런 방을 원했던 것일 게다.

내친김에 이 방이 딱 그런 용도로 정해졌다. 작고 아늑해서 작업실로 쓰기에는 안성맞춤이다. 손바닥만 한 창으로 햇볕이 넘실거리니 한낮의 운치도 그만이고, 밤이 들면 또 그대로 마음 안에 별을 들이듯, 작은 창 너머 별과 달을 보는 재미가 쏠쏠하다. 그런저런 이유로 이 방은 나만의 공간으로 탄생되었다.

이곳에 올 때마다 새로 들이는 습관이 있다면 그것은 도시의 습성을 버리는 일이다. 손에 쥐고 놓지 못하는 핸드폰도 가방 안에 묻어두고, TV도 아직은 들이지 않았다. 당연히 컴퓨터도 없고, 인터넷 같은 것은 남의 나라 이야기다. 처음에는 적적해서 온몸이 근질거리는가 싶더니 차차 시간이 흐르자, 몸이 환경에 적응해 간다. 익숙해지니 아무것도 없이 사는 시간들이 편해졌다.

살다 보니 이게 아니면 안 되는 법 같은 건 없는 듯하다. 이 없으면 잇몸으로 산다던 어르신들의 말이 맞다. 시골에 오니 나는 또 자연스럽게 시골 아낙이 되어 간다. 이렇게 살고 싶어서 그렇게 오래도록 이 땅, 저 땅을 뒤지고 다녔다는 걸 새삼스럽게 깨닫는 요즘이다.

솜씨 익어가는 방

손바느질에 재봉질 하며 심심한 시간들을 달래기에는 맞춤인 자리

남쪽 벽으로 낸 작은 창문과 그 아래 놓아둔 다리 달린 궤 하나가 이 방의 전부다. 창문이 액자처럼 사계절 변화는 풍경을 담아줄 것을 기대하고 가장 보기 좋은 액자 사이즈로 창문을 만들었다. 그 외에는 폭이 좁고 긴 구조라 나지막한 스툴을 들여놓아 다과 테이블 겸 의자로 사용한다. 맞은편 벽은 하얗게 빈 벽과 드러난 대들보가 돋보이도록 비워둔 상태. 큼직한 바구니에 무릎담요 몇 개 넣어두고, 재봉틀 다리에 고재를 올려 만든 테이블 하나 두었다. 큰 가구 하나 없이 소꿉장난감 같은 것들 걸어 두었더니 이상하게도 정이 가는 공간이 되었다. 이 아까운 방을 창고로 썩혔더라면 후회가 하늘을 찔렀을 것만 같다.

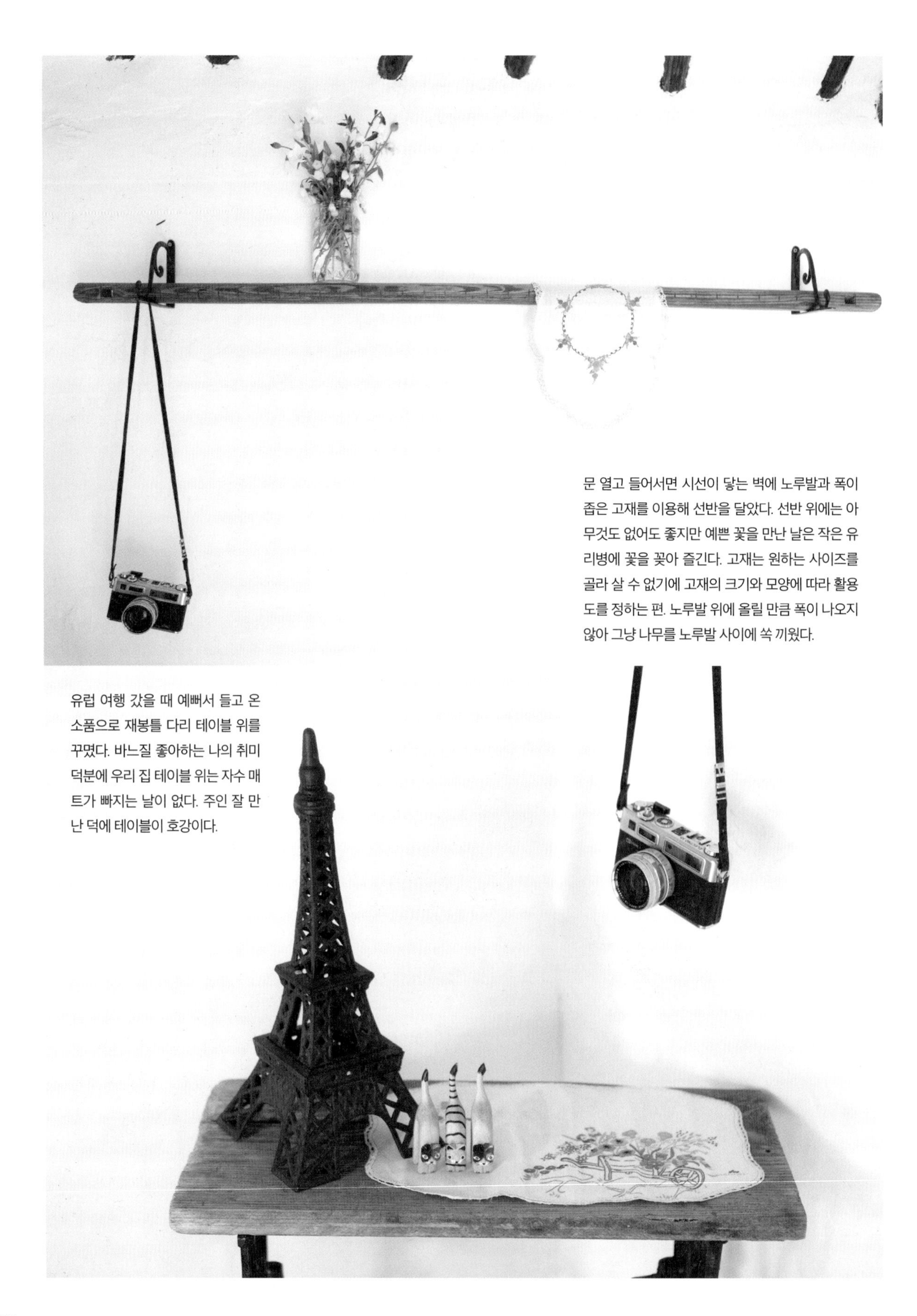

문 열고 들어서면 시선이 닿는 벽에 노루발과 폭이 좁은 고재를 이용해 선반을 달았다. 선반 위에는 아무것도 없어도 좋지만 예쁜 꽃을 만난 날은 작은 유리병에 꽃을 꽂아 즐긴다. 고재는 원하는 사이즈를 골라 살 수 없기에 고재의 크기와 모양에 따라 활용도를 정하는 편. 노루발 위에 올릴 만큼 폭이 나오지 않아 그냥 나무를 노루발 사이에 쏙 끼웠다.

유럽 여행 갔을 때 예뻐서 들고 온 소품으로 재봉틀 다리 테이블 위를 꾸몄다. 바느질 좋아하는 나의 취미 덕분에 우리 집 테이블 위는 자수 매트가 빠지는 날이 없다. 주인 잘 만난 덕에 테이블이 호강이다.

창문 옆에 거울 겸 촛대로 사용할 수 있는 소품을 달았다. 은근히 로맨틱한 분위기를 만들어주는 소품 중 하나다. 촛대에 초를 꽂고 불을 붙여 놓으면 촛불이 거울 위로 일렁거려 밤이면 한결 운치 있는 공간을 연출해 준다.

광목으로 손 가는 대로 만든 가방들. 시간이 비면 뭔가를 만드는 걸 좋아하는데 조각 천을 잇기도 하고, 손뜨개질을 하기도 하고, 원단에서 큼직한 꽃무늬만 오려 아플리케도 하면서 참 재미있게 놀았다. 이 방에 색깔 맞춰 죽 걸어놓고 보니 묵은 작품들을 분위기 맞춰 꺼내 가끔씩 나 홀로 전시회를 해도 좋겠다 싶은 생각이 든다.

창문 그리고 또 창문

옆으로 열고 위로 열고… 코딱지만 한 작은방에 창이 두 개다

공간 활용도를 높인다고 드르륵 옆으로 밀어서 여는 규격 사이즈 창문에 좀 싫증이 났나 보다. 이 작은방에 딱 두 개 있는 창문이 모양도 크기도 제각각인 걸 보니 말이다. 독채인 데다 길에서 보이는 창문이라 일부러 창문을 높이, 작게 냈다. 옆집 기와가 살포시 보이는 창문은 까치발로 서서 내다봐야 밖이 보일 정도니 그냥 기와지붕과 하늘만 감상하는 걸로 만족한다.

위로 당겨 올리는 창문은 그 너머 바깥 풍경을 마치 액자인 듯 고스란히 품고 있다. 바닥에 누워 창문을 바라보면 나무 반 하늘 반 보이는데 멍하니 보고 있으면 머릿속이 개운해진다. 작은 창문이라 오히려 프레임 안의 모습에 집중하게 된다고 해야 하나? 한시도 가만 있지 않고 부지런히 변하고 있는 하늘의 색과 구름의 표정을 보고 있노라면 따로 명상이 필요 없을 정도다.

본래의 대들보가 가장 잘 드러난 바느질 방 천장. 일일이 사포로
문지르고 오일 스테인을 발라 나무 색을 살리느라 애쓴 만큼,
조명은 천장의 대들보가 거슬리지 않도록 하얀색 샹들리에를 달았다.

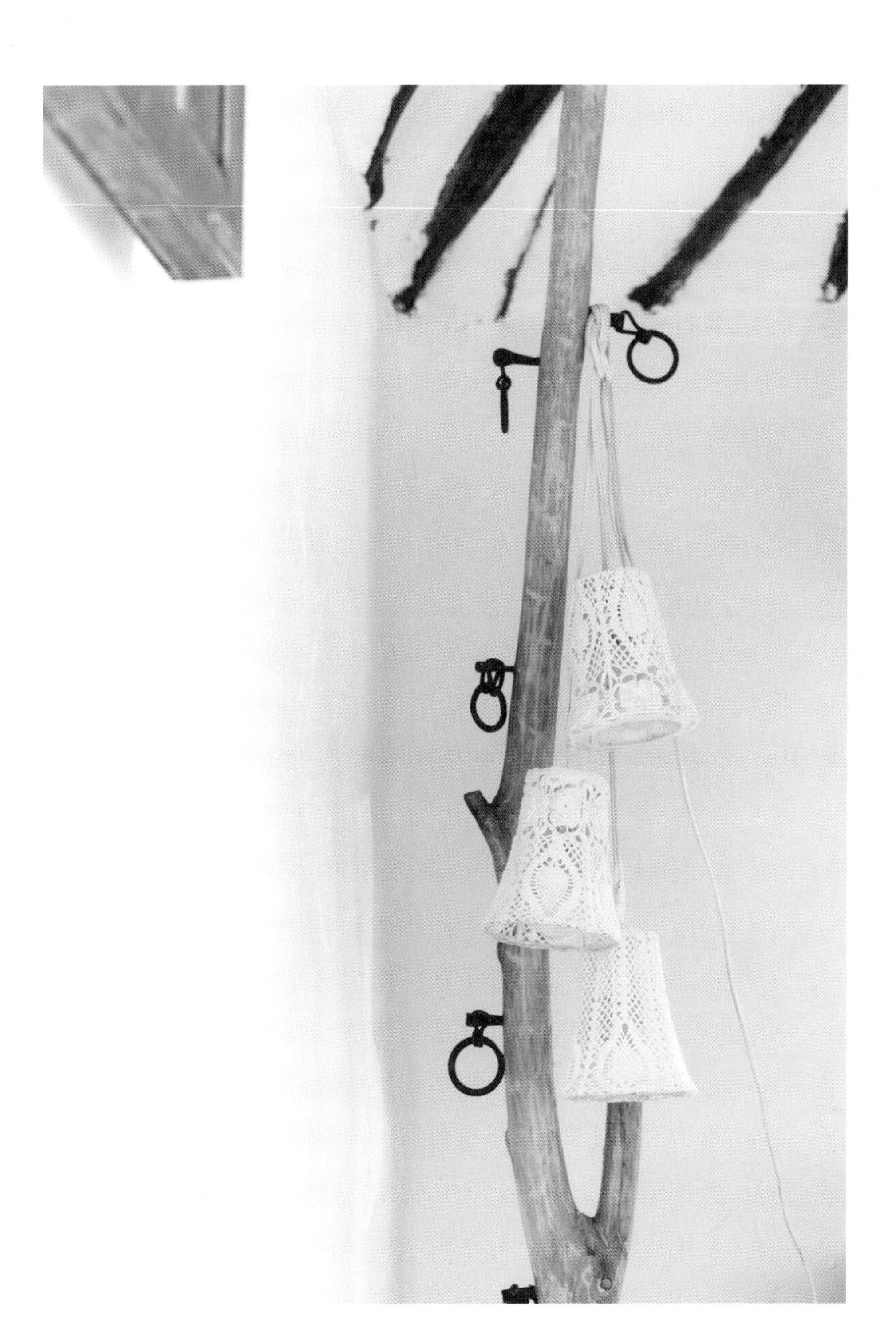

소품과 가구는 새로 산 것보다는 기존에 모아둔 것들과 이 집에 어울리도록 리폼한 것들이 대부분이다. 철거하면서 나온 방문 손잡이를 나무에 박아 다용도 걸이로 만들었다. 매달아 놓은 전등갓 조명은 원래 갓을 떼어내고 그 위에 크로셰 원단을 붙여 다시 만든 것이다.

바느질거리와 허드레 살림

나이 먹어 노는 일에는 벗이 필요하다
바느질감 그리고 나의 소꿉들

사실 나는 혼자서도 잘 노는 사람이다. 바삐 사는 와중에도 짬짬이 혼자 노는 시간을 만들기 위해 꾀를 내고는 했었다. 그렇게 잠시나마 내게 시간이 주어질 때면 바느질을 한다. 고운 천들 무릎에 펼쳐놓고, 손에 바늘 들고 앉아서 이리저리 꿰어보는 시간이 즐겁다.
그도 아니면 살림살이 사냥을 떠난다. 좋아하는 물건들이 눈 안에 들어오면 가방 속에 하나둘 담아 들고 콧노래를 부른다. 그럴 때는 소꿉놀이가 별거냐, 싶다. 어른들의 놀이란 이렇게 대상이 필요하다.
요즘 아이들은 컴퓨터랑 논다지만 아무래도 나이 먹어가는 우리는 어릴 적, 엄마에게서 보고 자란 즐거운 풍경들이 고스란히 놀잇감으로 되살아나는 것 같다.

할머니에게 물려받은 반진고리 바느질하는 시간이면 절로 흥이 난다

손바느질 좋아하는 사람은 공통점이 많다. 손재주가 있어서 바느질뿐 아니라 손을 움직이는 거라면 무엇이든 좋아한다. 내 친한 친구들은 모두 나와 함께 수를 놓거나 요리를 하고, 가구를 만들면서 깊어진 사이다. 손으로 만드는 걸 좋아하는 사람은 시간이 아로새겨진 물건들도 좋아하게 되어 있다. 그 시간이 오롯이 녹아들어야 완성품이 모습을 드러내는 것을 몸으로 알기 때문이다. 친구들과 함께 수도 놓고 조각보도 만들면서 오래된 가구나 소품을 구입하러 같이 돌아다니기도 했고, 대나무 바구니를 사러 담양으로 여행도 다니곤 했다. 그래서 나의 바느질은 오래 묵은 것들과 닿아 있다.

그런데 뭔가 만드는 걸 좋아하는 사람은 한 가지 취약점이 있다. 만들어내는 완성품보다 재료 모으는 데 훨씬 더 부지런하고 열의를 보인다는 것이다. 지금 당장 쓸 필요가 없더라도 마음에 드는 재료가 보이면 일단 사고 봐야 한다. 언제 필요할지 모르기 때문이다. 그러니 좋은 재료는 만났을 때 사는 게 정답이다. 정도의 차이가 있겠지만 손바느질하는 사람의 집에는 평생 만들어도 다 못 쓸 만큼 원단이 쌓이고, 털실이 쌓여도 만족하지 못할 것이다.

더 큰 문제는 손으로 만드는 재미는 매한가지라 한 가지만 파고들어 좋아하는 게 아니라 처음엔 뜨개질로 시작했더라도 수도 놓고, 조각보도 만들고, 퀼트도 하며 영역을 문어발 확장하는 것이다. 나는 가구 만들고 집 고치는 취미까지 있어 이것저것 모아둔 재료들만 한데 모아도 방 하나는 꽉 채우지 않았을까?

다행히 나이가 들면서 물건 욕심도 조금씩 사라지고, 인테리어 관련 일로 바빠서 오랫동안 앉아서 해야 하는 만들기는 손 놓은 지가 좀 되었다. 재료를 정리하면서 완성품은 추리고 다시 구하지 못할 성싶은 재료들만 남겨두었는데 농가 주택으로 이사 와서 가리개로, 테이블 매트로 두루두루 잘 쓰고 있다. 책에 낸다고 오래전부터 만들었던 바느질거리들을 꺼내 묵은 먼지를 털고 보니 하나하나 만들었을 때의 풍경과 감정이 바로 어제 일처럼 떠오른다. 이 바느질거리들에 내 시름도 묻고 청춘도 묻었구나 생각하니 기쁘면서도 씁쓸한 건 왜일까? 뭘 봐도 옛날 일을 생각하며 그리워하는 걸 보니 나이가 들긴 들었나 보다. 평소에 바느질거리를 담아 두는 상자는 할머니가 바느질 상자로 쓰시던 것을 물려받은 것이다.

할머니 옆에서 바늘귀에 실도 꿰어드리고 조각 천을 오리면서 놀던 기억에, 이 바느질 상자 앞에 앉을 때마다 기분이 좋아진다. 급할 것 없는 자투리 시간에 늘 나의 마음을 어루만져 주었던 바늘과 천이 있어 감사하다.

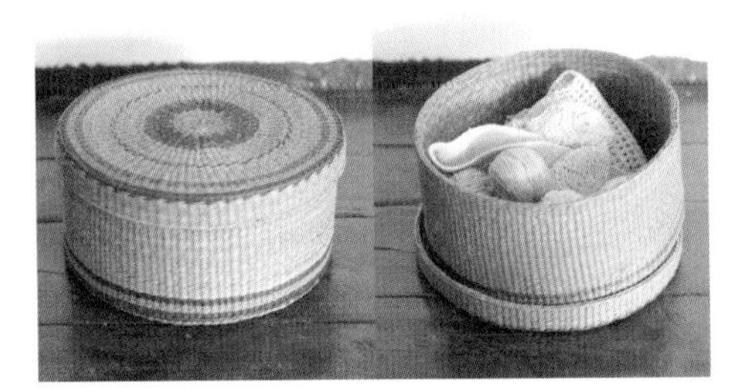

뚜껑 달린 왕골 바구니는 보통 세 가지 사이즈로 판매하는데, 조각 천 모아두는 바느질함으로 쓰기 안성맞춤.

손잡이 달린 대바구니에는 털실과 뜨개 재료를 모아두었다.

골동품 벼룩시장에서 보고 덥석 집어든 대나무 바구니. 세월의 흔적이 느껴지지만 우리 집에선 아직 현역이다.

찬바람 쌀쌀하게 불기 시작하면 가장 먼저 생각나는 뜨개질. 요즘은 코바늘로 무릎덮개 만드는 데 푹 빠져 있다.

인터넷 쇼핑몰이 활성화되지 않은 시절, 담양 구석구석을 돌며 찾아낸 대바구니들.

수놓는 사람은 성격이 찬찬해야 하며, 차곡차곡 엉키지 않게 챙기는 실 준비가 반이다.

현재 진행 중인 이것저것 바느질거리들. 할머니가 쓰시던 바느질 상자에 두서없이 섞여 있어 기분 내키는 대로 조금씩 만든다.

빳빳한 포플린에 가장자리만 손뜨개로 두른 테이블보. 테이블보는 물론 커튼, 가리개, 피크닉 매트로 다양하게 활용한다.

우리 식구 간식용 테이블 냅킨으로 사용하고 싶어서 테두리까지 꼼꼼하게 마감했지만 아들 녀석만 둘이라 한 번도 써 볼 기회가 없었다.

야생화 자수는 도안이 필요한 게 아니고 상상 속의 꽃을 만들어도 되기에 즐겨 수놓았었다.

여자라면 얌전한 손수건 하나는 있어야지… 생각하면서 겁없이 도전했다. 덴마크 화이트워크는 아무래도 시력 좋은 젊은 시절에 도전하기를 강추!

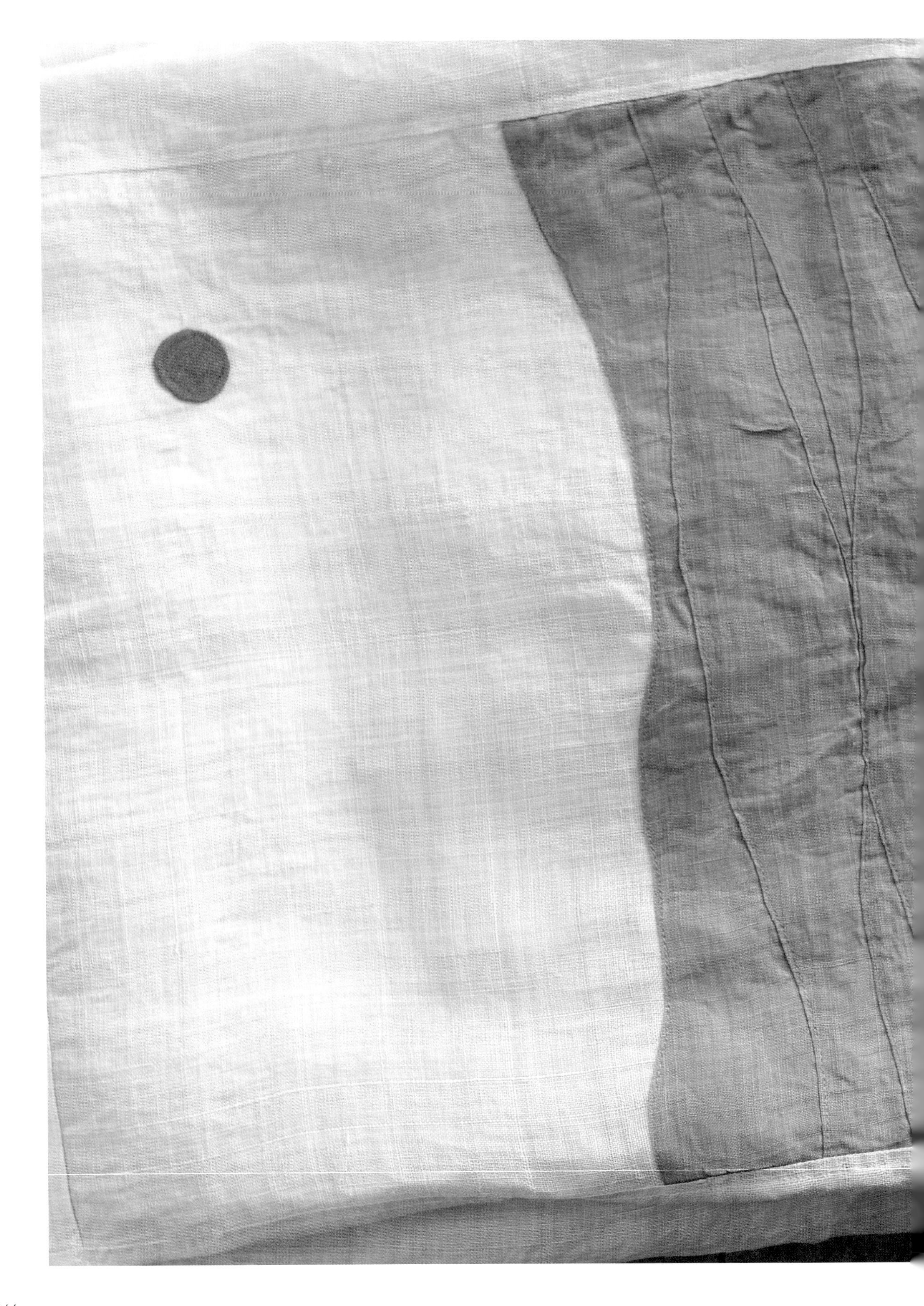

하늘 그리고 바다 1

내 손이 빚어낸 까슬까슬한 모시 속 풍경

큼지막한 모시 가리개 겸 커튼 속에 하늘, 바다, 해, 자연이 함께 한다. 아파트에 살면서 여름이면 거실 창가를 장식하던 것인데 이렇게 시골집으로 옮겨 놓으니 용도가 달라진다. 안방 커튼도 좋고, 혹 주인 마음이 바뀌면 주방 가리개로 활약할 예정이시다.

하늘 그리고 바다 2

자연의 원대함이 빚어낸 거침없는 풍경

바느질로 빚었던 하늘과 바다가 고스란히 눈앞에 펼쳐진다. 집에서 차로 10분만 달리면 만나는 바닷가는 시골살이의 또 다른 기쁨이다. 한여름에도 관광객 북적이는 일 없이 차분하게 해바라기하면서 조개 캐고 낚시하며 바닷가 생활을 즐길 수 있다.

여행에서 건진 나의 보물들

쉽게 구할 수 없는 값진 물건들을 만나면 가슴이 뛴다

여행 다니면서 틈틈이 모아둔 손잡이, 옷걸이, 경첩… 유럽 여행 가면 벼룩시장은 기본이라지만 철물점이며 DIY 백화점까지 들들 뒤지고 다닌 결과물은 실제 사용하기 전에도 볼수록 흐뭇한 나의 보물이다. 같은 가구나 같은 문, 같은 창문과 벽이라도 어떤 손잡이나 고리를 다느냐에 따라 달라진다고 믿기에, 내가 만지는 집은 세상에서 딱 하나밖에 없는 디테일을 가질 수 있게 되는 것 같다.

손으로 일일이 두드려 만든 고리들.
좁은 집일수록 수납 가구 대신
예쁜 고리를 달아주는 걸 좋아하는데
무엇을 걸든 자기 한몫은
오롯이 하면서 보기에도
예쁘니 일석이조다.

속 넓은 욕실

분내 나는 방 옆에 위치한 쾌적한 자리,
곤충들도 매일 찾아와 씻고 가는 대중목욕탕

예전 주인집 아들 내외가 쓰던 별채 방 옆 창고를 욕실로 만들었다. 작은방 하나 크기이니 일반 아파트나 빌라의 욕실보다는 확연히 크고 새롭다. 이 큼직한 공간을 어떻게 보기 좋고 쓸모 있게 나눌까 한참을 고민하다가 욕조는 포기하고 샤워 부스와 세면대 공간으로 깔끔하게 나눠 쓰기로 했다. 이 집을 고치고 나서 가장 안타까운 건 안방 바로 옆에 신발을 신고 나가지 않아도 사용할 수 있는 욕실 하나를 더 만들고 싶었는데 예산 때문에 포기한 것이다. 그래도 추울 때는 추운 대로, 비가 올 때는 비오는 대로 조금 불편하게 욕실을 이용하는 것이 내가 찾던 느림보 생활에 꼭 맞는 것이리라 위안한다.

신발 신고 외출하듯 찾아와야 하는 욕실
축구를 해도 좋을 널따란 공간

누군들 그런 꿈을 꾸지 않을까. 너른 창과 면해 있는 욕조에 누워 하루의 피로를 말끔히 씻어내는 꿈. 향초에다 백 뮤직 깔고 와인 잔 찰랑찰랑 흔들면서 쉬어가는 꿈. 영화 〈귀여운 여인〉의 줄리아 로버츠가 그랬듯이 호텔 스위트룸의 욕실을 마음껏 즐기는 꿈은 그저 꿈꾸어보는 것만으로도 달콤하다.

한겨울이면 가마솥에 데운 물 한 바가지 퍼서 찬물에 살살 섞어가며 고양이 세수를 해야 했던 한옥살이를 이야기하는 와중에 호텔 스위트룸의 욕실은 또 무슨 말인지…. 하지만 나는 이 집을 고치면서 딱 그런 욕실을 만들고 싶었던 게 사실이다. 오랜 세월 꿈꾸었던 드라마틱한 욕실 말이다. 아파트에 살다 보면 깻잎만 한 창문 한쪽이라도 있었으면 싶게 틀어박힌 욕실이 전부라 그런 꿈도 덩달아 커졌는가 보다.

마땅히 욕실이랄 것이 따로 없던 이 집에 와서 고민 끝에 정한 자리가 전 주인의 아들 내외가 쓰던 별채 방 옆 창고였다. 크기로 따지면 도시 집의 욕실에 서너 배는 족히 될 만하니 이런 명당도 없다 싶었다. 그런데 막상 욕조에 변기에 세면대 같은 것들 다 들여놓을 생각을 하니 그 자리도 썩 넉넉지는 않았다.

결국 욕조는 포기! 샤워라도 마음껏 뛰놀면서 하자는 생각으로 아쉽게 완성한 공간이다. 대신 앤티크 감각의 문양 있는 유리로 치장한 샤워 부스 하나 세워 놓고 격을 갖췄다. 손님이 많이 찾아올 것이라는 예측하에 샤워기도 두 개나 달고 칸막이를 설치했다. 이렇게 만들고 보니 대중목욕탕이나 다름없는 것 같다.

또 하나 섭섭한 것은 씻거나 일을 볼 때마다 외출이라도 하듯 신발 신고 방을 나서야 한다는 것. 안방 옆에 작은 욕실 하나 따로 만들고 싶었지만 예산 문제가 공격하는 통에 욕조와 마찬가지로 또 한 번 마음을 접었다. 하지만 뭐 그런대로, 저런대로… 완성해 놓고 보니 스위트룸까지는 아니어도 스탠더드룸의 욕실 규모는 되어 보인다. 그런데 이 욕실이 방에서 멀찌감치 떨어진 외곽(?)에 있다 보니 손님 출입이 잦다. 씻으려고 들어가 보면 곤충 한두 마리쯤 이미 들어와서 샤워 중인 때가 허다하니 말이다. 내 평생 날이면 날마다 종자 다른 생물들과 씻으며 놀아보기는 처음이지, 싶다. 하지만 이 또한 시골이 내게 안겨주는 새로운 기쁨이라고 생각하니 눈도 마음도 즐겁기만 하다.

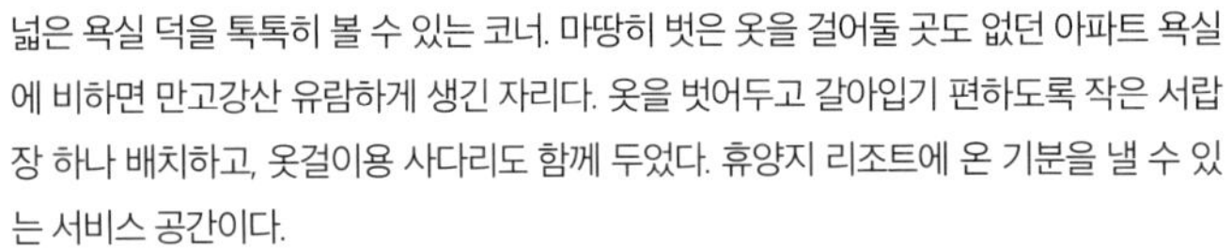

넓은 욕실 덕을 톡톡히 볼 수 있는 코너. 마땅히 벗은 옷을 걸어둘 곳도 없던 아파트 욕실에 비하면 만고강산 유람하게 생긴 자리다. 옷을 벗어두고 갈아입기 편하도록 작은 서랍장 하나 배치하고, 옷걸이용 사다리도 함께 두었다. 휴양지 리조트에 온 기분을 낼 수 있는 서비스 공간이다.

창고의 변신, 욕실

샤워기가 두 개, 샤워 부스도 당연히 둘인 다기능 공간

옛날 문짝을 잘라 만든 거울과 고재 선반, 나뭇가지 걸이가 어우러진 세면대 전경. 세면대와 변기 위를 가로질러 설치한 길쭉한 고재 선반 덕분에 잡다한 물건을 놓고 쓰기 편리하다. 나뭇가지 걸이는 나의 야심작인데 가지치기할 때 주워온 굵은 가지를 그늘에서 잘 말려 껍질을 벗긴 뒤 고리 모양으로 다듬은 것이다. 아파트에서 가지치기할 때 바쁘게 돌아다닌 보람이 있다!

식구들과 친구들을 잔뜩 초대해서 같이 즐기고 싶은 마음에 구입한 주택이니 욕실 또한 그런 콘셉트에 맞게 디자인했다. 욕조를 놓는 대신 파티션을 사이에 두고 샤워기를 두 개 설치한 것. 부부끼리, 친구끼리, 아이와 함께 사이좋게 욕실까지 같이 쓰면 정말 놀러온 기분이 제대로 난다. 바닥은 멜란지 블루 톤에 벽은 흰 타일을 붙였지만 내가 좋아하는 이국적인 느낌을 살리고 싶어서 수입 타일을 모양내어 붙였다.

욕실이 대문 울타리와 가까워 화초에 물 주는 물뿌리개를 욕실에 들여놓았다. 함석으로 만든 물뿌리개는 모양이 예뻐 장식품으로도 제격.

샤워하면서 벗은 옷가지들을 걸어두는 사다리는 목공 공사를 할 때 남은 자투리 나무를 뚝딱뚝딱 자르고 페인트칠해 현장에서 만든 것이다.

욕실의 조명은 알전구에 철망 바구니를 씌워둔 오미숙표 오브제.

마음도 씻어가는 공간

바라보기만 해도 정겨운 아기자기한 소품들로 장식하다

샤워 부스의 품격을 높이기 위해 파티션에 어른어른하게 비치는 불투명 유리를 끼웠다. 녹이 나지 않는 철제 프레임과 유리 소재가 만났으니 곰팡이나 물때 걱정은 필요 없다. 특히 여기에서 눈여겨보아야 할 점은 프레임 안에 제각각 다른 무늬의 유리를 끼웠다는 것. 의외의 데코 포인트가 된다. 욕실로 들어오는 출입문에도 같은 방식으로 유리를 끼워 통일감을 주었다.

아궁이에서는 장작불이 타닥타닥,
구들장은 뜨끈뜨끈,
굴뚝에서는 맛있는 김이 모락모락…
부뚜막 위에는 밥상이 차려지고 있겠지!
모두모두 들어와 밥 먹을 시간이다.

집집마다의 굴뚝에서 연기가 피어오를 때쯤 그만 놀고 밥 먹어라, 엄마의 목청이 높아졌다

부자는 아니었어도, 모두가 다 그만그만하게 살아가던 시절의 집은 참 소박했다. 내로라할 것도 없이 건물이 한 채 또 한 채. 그래도 집들은 모두 작은 마당 하나씩 끼고 있어서 운치가 좋았다. 과실나무 한 그루쯤? 덩굴장미도 소담했고, 봄을 알리는 목련나무도 어느 집에나 당당히 서 있었다는 기억이다.

그 골목도 좋았다. 집들은 허름해도 사람 사는 냄새와 소리와 풍경 같은 것들이 비빔밥처럼 어우러져 따뜻했다. 아이들이 학교 파해 돌아올 시간이면 골목은 벌써 깨알 같은 목소리들로 채워지곤 했으니까. 까르르, 뛰어놀며 웃어대는 소리들로 채워진 골목은 오늘도 모두모두 잘 살아 있구나, 라는 걸 깨닫게 하는 징표 같은 것이었다.

"철수야~ 영희야~ 그만 놀고 들어와 밥 먹어라!"

해거름이면 창문 너머, 담장 너머 고개를 내밀고 내 새끼들 찾아 밥 먹이려는 엄마들의 목소리가 우렁찼다. 배고픈 줄도 모르고 노는 일에 정신이 팔려 있던 아이들이야 엄마의 성화처럼 들려서 반갑지 않았겠지만 말이다.

이 집으로 와서 새록새록 그 기억을 되새긴다. 해 저물 무렵이면 더욱이 그렇다. 집집마다의 굴뚝을 타고 흘러넘치는 밥 냄새와 된장찌개 냄새 같은 게 노을과 뒤섞여 뿜어내는 운치를 즐길 수 있어 훈훈하다. 우리 집에도 굴뚝의 연기며 음식 냄새로는 제법 빠지지 않는다. 아예 눌러앉아 살지는 못하지만 주말 무렵이면 내가 몰고 온 사람들과 밥 지어 먹으며 깊어가는 수다가 있으니 그렇다. 뒷마당의 데크에다 널찍한 식탁 하나 내다놓았더니 정말이지 삼삼하게 기분이 좋다.

식탁에 둘러앉은 이들의 웃음꽃이 정겨우니 그것도 좋은 일이다.

여기 와서 해 먹는 음식들은 대부분이 자연 그대로의 것들이다. 도시에서처럼 이름도 생소한 갖은 재료들로 해 먹는 음식 같은 것은 사실, 엄두도 내지 못한다. 자연 가까이로 왔으니 그저, 자연이 품고 있는 아이들 몇 점 거둬다가 나물로 무치고, 찌개로 끓이고, 생으로 아삭아삭 뜯어 먹을 뿐이다. 그래도 달다. 밥맛이 이토록 다디단 것도 축복이지, 싶다.

동네 어르신들에 비하면 그리 많은 나이도 아닌데, 나는 참 별스럽게 해 먹이는 일에 집착하는 편이다. 사람들 불러다 놓고 배 채워 내보내는 일이 즐겁다. 엄마 습성이 몸에 배어 그런 것인지도 모르겠다. 아직은 입주 초기라 손님이 많기도 하거니와 혼자 먹어도 먹는 기분 한껏 내면서 배 채우고 싶어서 끼니마다 손이 분주하다.

어쩌면 이 집의 터가 주린 이들 배 채워 보내는 것을 자랑으로 삼고 있는 것은 아닐까, 싶을 때도 있다. 공사 때부터 수많은 인부 아저씨들 밥 지어 올리는 함바집 주인 같은 노릇을 하더니만 요즘은 또 찾아온 손님들을 위한 밥상이 차려진다. 고단한 줄도 모르겠다. 몇 걸음만 달려 나가면 채소가 지천이니 힘든 줄도 모른 채 마냥 흥이 나는가 보다.

마당으로 시작해서 방방마다의 구경에, 욕실까지 다 살폈으니 이제 얼추 집 구경이 끝나간다. 이제 부엌 이야기를 나눌 차례다. 아궁이에 부뚜막까지 고스란히 살려 놓은 옛 부엌, 그 추억 같은 풍경으로 안내한다.

처마만 올려다보고 있어도 하루가 간다.

시골에서는 하루가 물처럼 유유히 흐른다.

여자의 부엌

대접하기 좋아하는 안주인, 잔치상 뚝딱 차려내는 자연 속 식당

부엌은 여자들에게 가장 고단한 공간이자 기쁨을 줄 수 있는 공간이다. 어차피 부엌살림 해야 하는 여자에게 밥하는 게 일이고 어려우면 부엌데기 신세지만, 요리가 즐겁고 보람차면 셰프가 될 수 있는 곳. 다행히 음식해서 남들 먹이는 걸 좋아하는 나이기에, 부엌은 이번 농가 주택에서 가장 심혈을 기울여 고치고 꾸민 곳이다. 자연 속의 옛집을 표방하니만큼 최대한 안 꾸미는 게 꾸미는 거라는 생각에 창문 하나 크게 내고 바닥을 돋운 것 말고는 손대지 않았다. 별스러운 장식 없이 골조 그대로의 멋을 살려 놓은 곳. 여기는 부엌이다. 늘 그렇듯, 우리 집 부엌은 지금 손님치레 중이다.

음식 짓는 조리 공간

창살부터 선반, 살림살이까지… 소담한 정취가 묻어나는 곳

개수대, 조리대, 가스레인지로 심플하게 끝나는 작은 싱크대. 옛날 창살을 그대로 살리느라 상부장도 생략하고 창살 위에 늘 쓰는 그릇 조르르 올려놓을 수 있는 선반만 하나 달았다. 현대식 싱크대가 눈에 띄는 게 싫어 일부러 주방에 들어서면 바로 보이지 않도록 왼쪽 벽으로 바짝 붙여 배치했다. 우리 집 전속 셰프 생활 25년차. 프라이팬에 냄비 두어 개 있으면 칠첩반상 차려낼 수 있는 경지에 올라 조리 도구는 딱 기본만 갖췄더니 두 자 싱크대가 참으로 한갓지다.

잘 되는 집은 아궁이가 분주한 법이라 했다 장작불 타오르는 우리 집의 자랑거리

라이터가 없던 시절에는 부싯돌로 불을 피웠다. 요즘 TV에서 방영하는 〈정글의 법칙〉이라는 프로만 봐도 문명의 이기 없이 불을 붙이는 것이 얼마나 어려운 일인지 짐작할 만하다. 부싯돌로 불을 붙이는 것은 남자의 몫이었지만 부엌에서 늘상 쓰는 불씨를 살려두는 것은 여자의 일이었다고 한다.

특히 불씨를 꺼뜨리면 집안이 망한다는 말이 있을 정도로 불씨는 중요했다고 하는데, 기억 속의 외할머니도 아궁이 속의 불씨가 꺼질까 늘 애면글면하셨다. 부싯돌로 일으킨 불로 새로 지은 집 아궁이에 불을 지피면 그 불을 꺼뜨리지 않도록 늘 조심히 불을 때고, 여름에는 아궁이에 밥 지을 때마다 화로에 옮겨두었던 숯을 떠서 불을 살렸다. 불씨를 보관하는 화로에 생선을 굽기도 하고 남은 밥이나 국을 다시 데우거나 따뜻하게 두는 용도로도 사용했다.

무너져 자리만 남은 아궁이에 벽돌을 돋워 솥단지를 걸어둔 날 참 많은 생각이 들었다. 오랫동안 불씨가 꺼졌던 이 집에 다시 새로운 불을 지피는 것이 감격스러워 그랬던 것 같다. 아궁이에 걸어둔 무쇠솥은 새걸로 구하려고 보니 몇 십만원은 주어야 하는 터라, 우리 골동품을 판매하는 곳을 찾아다니며 알아보니 5만원이면 된다고 해서 얼른 들고 왔다. 먼지는 좀 앉았지만 쓰던 것이라 따로 길들이지 않아도 되고 수세미로 깨끗이 닦아 말렸더니 새것 못지않아서 기분 좋게 쓰고 있다.

싱크대도 만들고 가스레인지도 버젓이 달린 신식 주방이지만, 이 집 부엌의 중심은 여전히 내 마음의 힐링 공간 아궁이다. 사람 없는 날에는 아궁이도 쉬어가지만, 인기척이 나기 시작하면 아궁이가 제일 먼저 알고 바빠진다. 맞춤옷으로 가마솥 하나 딱 끼워 놓고는 송구하게 부려먹고 있는 우리 집 아궁이는… 나의 자랑거리다.

부엌살이

여자의 하루가 시작되고 끝나는 곳, 맛있는 이야기가 있는 곳

부엌 깨끗하게 치워 놓고 마님처럼 방에 들어앉아서 창밖을 내다보고 있다. 손님을 기다리는 중이다. 온다는 이가 있으면 괜히 기다려진다. 발자국 소리가 들리기 시작하면 버선발로 달려 나가 맞을 참이다.

간소한 밥상을 차려내거나 손님방으로 찻상을 낼 때 늘 손이 가는 원형 소반. 아파트에서는 어딘지 장식품처럼 보였는데 아궁이 위에 걸어두니 제자리를 찾은 듯 잘 어울린다. 못으로 박지 않고 일일이 손으로 깎아 만든 소반은 요즘 공예작가들 것으로 사려면 비싸지만 골동품 매장에서 잘 찾으면 비싸지 않게 구입할 수 있다. 실제로 사용해 보니 사각보다는 동그랗게 각진 모양이 둘러 앉아 먹기 좋다.

주방의 앤티크 등은 유럽 여행 갔을 때 트렁크에 넣지도 못하고 품에 감싸 안아 가지고 들어온 것이다. 오랫동안 창고에서 빛을 못 보다가 이 시골집 부엌 등으로 데뷔했다. 입으로 불어 만든 불투명한 밀크 글라스에 나무 받침이 멋지게 달려 있어 세상에 둘도 없는 나만의 살림이다.

'福' 자가 쓰인 자기 그릇은 옛날 엄마가 시집올 때 해 오신 것이다. 다 깨먹고 남은 것이 몇 개 없지만 싱크대 위 선반 위에 조르르 놓으니 우리 집 부엌에 체면치레 한 것 같고 마음이 참 좋다.

황토벽과 대들보를 살리느라고 애썼던 기억이 값지다. 부엌은 벽의 대들보가 가운데를 가로지르는 것이 많아 도배하지 않고 도장으로 마무리했다. 나무와 흰 칠한 벽이 생각보다 잘 어울려 마음이 놓인다.

아궁이 위를 마감할 때 고민이 많았다. 부엌 바닥과 같이 콘크리트에 에폭시 마감을 해서 편하게 쓸까 하다가 타일을 깨서 조각내어 붙이는 걸로 마음을 정했다. 어차피 아궁이에서 매번 음식 할 것도 아니고, 밋밋함을 조금이라도 없애고 오미숙표 감각을 더하고 싶었던 게 잘 맞아떨어진 것 같다.

찬과 그릇, 찬장 이야기

할머니처럼 나이 든 가구 하나에 절로 마음이 든든해진다

1900년대 초반 일본 디자인의 영향을 받은 찬장. 요즘은 인기가 많아져 몸값을 자랑하는 앤티크가 됐지만 내가 구입할 때만 해도 프랑스와 영국 앤티크가 우리나라 앤티크 가구계를 주름잡던 때라 거저 업어오다시피 했다. 어느 방에 두어도 잘 어울리는 무난한 사이즈와 디자인인데 아궁이 옆에 두고 아담한 싱크대의 부족한 수납을 도와주는 용도로 쓰고 있다.

찬장 아래 칸에 자리 잡은 나의 도시락 통. 아이들 크고 나니 도시락 쌀 일이 없었지만 시골살이 하다 보면 은근히 도시락이 요긴하다. 새벽밥을 먹고 나면 도시락 통에 새참 싸서 텃밭에 나가거나 동네 산책(=하이킹)할 곳도 많아서 그렇다. 무작정 사방팔방 터벅터벅 걷다가 발견한 시원한 나무 그늘에 앉아서 도시락 통을 펼치면 밥에 김치만 먹어도 꿀맛이다.

오래된 것을 좋아하는 나의 취향은 그릇에서도 여실히 드러난다. 도자기 찻잔도 빈티지. 주전자나 머그컵도 법랑 소재의 빈티지다. 이런 것들은 한자리에 모아두기만 해도 저마다의 개성을 뽐내는 것이, 무난한 화이트 그릇보다 내 마음을 끈다.

안방 쪽문에서 바라본 부엌 전경. 문 4개짜리 싱크대와 6인용 식탁만
으로 꽉 차지만 내 눈에는 그 어떤 궁궐보다 만족스러운 공간이다.

동서양이 만난 자리

한식 부뚜막과 서양 앤티크 식탁이 조화를 빚어내다

두툼한 나무 문을 닫으면 어두컴컴해지던 부엌. 불을 다루는 곳이라 서늘하게 하느라고 옛날 우리네 부엌은 일부러 해가 들어오지 않도록 만들었다고 한다. 기존의 나무 문을 모두 떼어내고 여닫이 유리창으로 바꿔 달고 창문을 크게 냈더니 해 질 무렵까지 햇살이 좋다. 아들들은 질색을 하지만 나는 식탁만큼은 여성스럽게 차리는 걸 좋아한다. 이곳 부엌에도 다리통 묵직한 앤티크 식탁과 라인이 여성스러운 앤티크 의자를 들여놓았다. 투박하고 불편하고 거친 이 시골집에서 단 하나, 멋 부린 가구다.

부엌문 너머의 꿈

저 푸른 들판은 온통 먹을 것들,
가마솥에서는 촌닭이 익어가고 있다

원래도 손님 초대하는 걸 좋아했지만 시골집으로 이사하고 나서 사람들과 함께 어울릴 이유가 더 많아졌다. 방도 많고, 무엇보다 마당이 있어서 손님들이 많이 와도 좁은 공간에서 부대끼지 않고 편안하게 머물 수 있어 좋다. 올여름 손님맞이의 대표 메뉴는 가마솥에서 뭉근하게 끓인 닭백숙. 큰 닭을 먼저 삶아 고기를 뜯어먹고 나중에 찹쌀 넣어 죽을 끓이면 장정 열 명도 만족할 만한 식사가 된다. 닭백숙 할 때 뒤뜰에서 무성하게 자라는 대나무 줄기를 베어내어 넣으니 잡내는 사라지고 감칠맛은 더해 우리 집 별미 중의 별미가 되었다. 밥 지을 때나 탕 끓일 때도 대나무를 활용한 요리를 더 개발할 생각에 들뜬다. 죽순이 자랄 때는 맑은 죽순탕이나 죽순 고기볶음으로, 한여름에는 대나무밥이나 백숙으로, 겨울에는 눈 쌓인 푸른 대나무 숲을 구경하자고 지인들을 초대할 수 있으니 우리 집에는 사시사철 손님 초대할 이유가 차고 넘친다.

친정엄마에게 물려받은 유기 그릇.
며느리 준다고 한사코 아끼시는 걸
요즘 어느 며느리가 이런 유기 그릇 받고 싶겠느냐고
큰소리친 뒤 우리 집으로 들였다.
유기는 가끔 쓰면 쓸 때마다 일이지만
매일 편하게 쓰면 오히려 쉽게 사용할 수 있다.
설거지 후 물 얼룩이 신경 쓰이면 물기가
깔끔하게 닦이는 소재의 행주나 부직포로
만져주면 된다.

손님이 오실 때면 식사는 밑 준비만 해 두고 식탁 위에는 티 테이블 세팅을
신경 써서 준비한다. 손님이 집에 오자 마자 주인이 밥한다고 싱크대에
등 돌리고 서 있는 게 마음 쓰여서 그렇다.
내용물은 여느 집 다과상과 다를 것 없다. 계절 과일에
커피, 제과점에서 사온 빵 그렇다. 그래도 화사한 찻잔에 손님들은
백이면 백 기뻐한다. 사람 좋아해서, 사람들이 웃는 걸 보느라고
집도 꾸미고 밥도 하고 차도 내고 하다 보니
주변에 나를 기쁘게 해주는 사람들도 참 많다.

시골살이에서는 장화가 짝꿍이다. 장화 신고 저벅저벅, 오늘도 분주하겠다.

눈 돌리는 자리마다 꽃과 풀이 지천인데도 작은 화분에 꽃을 심는다. 병이다.

쨍한 해가 이글거리는 오후 2시에서 4시 사이에는 아무리 움직이기 좋아하는 나라도 집 안에서 꿈쩍 않는다. 낮잠 한숨 청하거나 텃밭에서 갈무리한 채소, 길에서 뜯어온 나물을 다듬다 보면 마음이 절로 조용해지고 편안하다.

첫 책을 내고 10년이 넘게 지났다. 거짓말처럼 빠르게!

하늘도, 땅도, 나무도, 사람도 그리고 집도! 모두 다 건재하다.

Before
After

어느덧 10년… 부엌의 자리를 옮겼다!
그리고 볕 드는 방, 선룸으로 집의 재구성

살다 보니 살림이 늘었다. 찾아오는 지인들도 늘었다. 멀쩡하던 집이 너무 좁았다. 화장실이 바깥에 있는 것도 불편하고, 부엌에서 활개를 칠 수도 없었다. 뾰족한 방법이 없을까? 고민 끝에 부엌의 자리를 옮겼다. 2017년 5월에. 그리고 2022년 한여름에는 마당에 선룸을 만들었다. 어쩐지 집이 두 배로 넓어진 것 같은 기분. 좋다! 살면서 이렇게 조금씩 내 집을 매만지고 가꾸는 재미가 좋다. 큰돈을 들였으니 타격은 좀 있지만, 그만큼 더 행복하게 이 집에서 지내자고 생각한다.
앞장에서 이미 공사 견적서를 공개했으니 여기서도 디테일한 리스트를 풀어놓는다. 이렇게 하면 얼마가 들까? 궁금한 독자들이 분명 있을 것 같아서!

1 바닥 난방 및 바닥 미장(엑셀 시공 보일러 연결, 바닥 시멘트)	4백70만원
2 목공사(지붕 목공, 문 & 싱크대 제작)	1천2백만원
3 선룸 파이프 용접(증축 공간의 벽 & 천장 각파이프 시공)	1천5백만원
4 도색(맞춤 제작 문 & 파이프 페인팅)	7백70만원
5 타일 시공(주방 벽, 바닥, 화장실)	8백50만원
6 유리 시공(선룸 천장 및 전면)	7백60만원
7 조명(스페셜 빈티지 조명 외 각종 조명 구입 및 시공)	5백30만원
8 스테인드글라스 구입 및 기타 부자재	2백50만원
9 식대 및 음료 외 잡비	3백만원

※ 공사 진행비 및 디자인비 미 포함 금액

총계 **6천6백30만원**

시골집 창문의 필수 아이템, 방충망.

유리 천장으로 빛이 쏟아지는 선룸. 청소가 좀 어렵지만 낙엽이 쌓이면 쌓이는대로 멋스럽다.

내 스타일대로 자유롭게 디자인한 유리문.

마당을 집안으로 데리고 들어오는 유리 방, 선룸

대나무 숲을 끼고 있던 뒷마당을 더 잘 활용하고 싶어서 유리 온실, 일명 선룸을 만들었다. 벽과 천장을 유리로 뒤덮은 온실 같은 공간이다. 바닥에 난방을 해서 겨울에도 편하게 활용할 수 있게 했는데, 겨울 오후는 해가 깊숙하게 잘 들어서 춥지 않아 좋다. 프라이빗한 공간으로 쓰기 위해서 주로 집의 뒷마당에 만드는 경우가 많은데 우아하고 이국적인 분위기가 아주 그만이다. 선룸은 남향보다는 북향, 집의 뒤쪽에 시공하는 것이 활용도가 높다.

After

Before

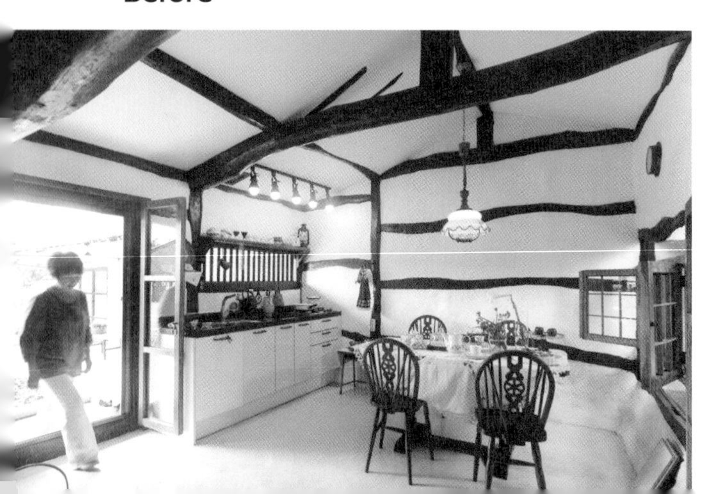

식탁을 내보내고 침대를 들인 부엌 자리

싱크대와 식탁을 선룸으로 내놓으니 넓은 여유 공간이 생겼다. 덕분에 부엌이 있던 자리가 나만의 방, 나의 작업실로 다시 태어났다. 침대와 아궁이가 함께 놓인 의외의 공간이다. 여기 앉아 별과 바람을 한껏 누리면서 놀다가 잠이 쏟아지면 침대로 올라간다. 절묘한 위안을 주는 방이다.

Before

After

선룸에서 바라본 고즈넉한 풍경

선룸은 여럿이 모였을 때 파티하는 방으로도 좋지만 보관이 영 마땅치 않은 허드렛 짐들의 자리로도 안성맞춤이다. 뿐만 아니라 한겨울에는 자연 냉장고 역할도 맡아한다. 좋아하는 가구와 선반을 배치해 두고 전시하듯 꾸며보는 재미도 좋다.

증축 이후 속시원하게 넓어진 주방

떨어져 있어서 불편했던 본채와 사랑채를 이어붙여 증축했다. 구들이 있던 엄마 방과 손님들의 방을 합쳐 제법 넓은 공간으로 만들었다. 손님 초대를 즐기다 보니 주방 살림살이가 자꾸 늘어 고민이었는데 비로소 안정감이 생겼다. 주방은 집안의 제일 좋은 자리에, 가장 넓게 만드는 게 정답이지, 싶다.

시골길에는 누가 보라고 피어 있는 게 아니라 그냥 풀처럼 꽃들이 얼굴을 내밀고 있다. 평소에는 '예쁘다' 하며 바라보는 걸로 만족하지만 손님이 올 때는 종류별로 한두 송이씩 꺾어 테이블 위를 장식해 본다.
꽃집에서 흔히 파는 관상용 꽃이 아니라서 손님들도 즐거워한다.

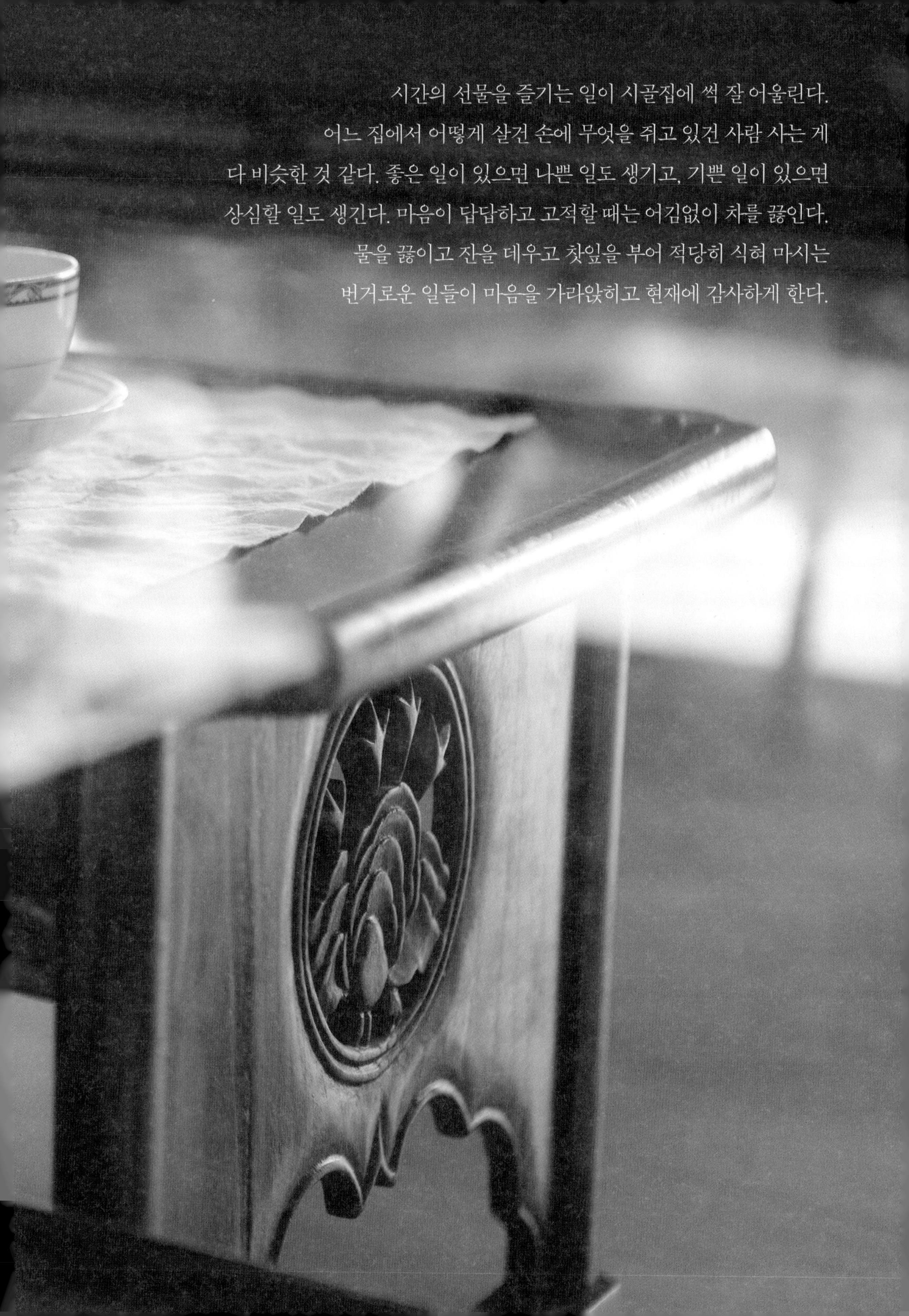

시간의 선물을 즐기는 일이 시골집에 썩 잘 어울린다.
어느 집에서 어떻게 살건 손에 무엇을 쥐고 있건 사람 사는 게
다 비슷한 것 같다. 좋은 일이 있으면 나쁜 일도 생기고, 기쁜 일이 있으면
상심할 일도 생긴다. 마음이 답답하고 고적할 때는 어김없이 차를 끓인다.
물을 끓이고 잔을 데우고 찻잎을 부어 적당히 식혀 마시는
번거로운 일들이 마음을 가라앉히고 현재에 감사하게 한다.

닫는 글

시골집으로 들어서는 길은 언제나 설레고 기쁘다

시골살이는 하루 종일 움직이자고 치면 할 일이 끝도 없지만, 농사짓는 것도 아니니 가만 누워 책만 봐도 누가 뭐랄 사람도 없고, 큰일 날 일도 없다. 하지만 잠시도 가만히 있는 걸 못 참는 나는 시골에서 하루 종일 사부작사부작 움직이는 쪽이다.

손님이 오면 손님맞이로 분주하고 손님이 없을 때는 챙 널찍한 밀짚모자 하나 눌러 쓰고 동네 탐험에 나선다. 개울에서 우렁이를 잡아오거나 길가에 지천으로 피어 있는 나물들을 뜯어오기도 한다. 길 가다 만난 동네 어른들께서 하시는 세상 사는 이야기를 듣다 보면 하루해가 짧다. 오늘은 촬영팀과 어깨동무를 하고, 집 앞 큰길에서 논밭 사이로 난 신작로를 따라 걸었다. 비밀의 숲처럼 펼쳐지는 대나무 숲길이다. 참 당당한 길이다.

허름한 시골집을 때 빼고 광내서 오미숙표 농가 주택이 드디어 완성되었다. 시행착오도 많고 아쉬운 점도 없다고 할 수 없지만 지금, 농가 주택을 꿈꾸는 사람들에게 몇 마디만 당부하고 싶다. 돈이 많이 없더라도, 집 공사에 대해서 하나도 몰라도 누구나 도전할 수 있다고 말이다.

공사를 마치고 보니 그 힘들었던 밥, 새참 챙기는 건 일도 아닌 것 같다. 초짜 공사주가 현장에서 가장 신경 써야 할 것은 얼마나 멋진 집을 완성하느냐가 아니라 하자로 연결될 사항들을 빠짐없이 챙기는 일이라는 것을 다시 한 번 깨달았다.

특히 설비와 미장할 때 주인이 나서서 방수를 꼼꼼히 챙기는 게 좋다. 누수로 이어질 수 있으니 상하수관 연결을 살피고, 전기와 물이 만나면 감전 사고 등으로 이어져 위험하기 때문에 전기 밑 작업 때는 절연 테이프를 꼼꼼히 감아주고, 천장에 누수가 없나 주인이 관심 있게 살피는 것이 중요하다.

같은 이유로 지붕 공사할 때 빗물 빠짐을 체크하고, 지붕 공사에 실수가 없는지 확인, 또 확인해야 한다. 또한 집 내외벽의 단열이나 겨울철 동파 예방을 위한 상하수도 설비 공사에도 돈과 시간을 아끼지 말아야 한다.

마지막으로 안전사고에 유의하는데, 공사주가 할 수 있는 건 공구 쓰레기들 정리 정돈을 수시로 하는 것이다. 별것 아닌 것 같지만 바쁘고 힘드니 바닥의 작은 것에도 인부들이 걸려 넘어지는 경우가 있기 때문이다.

흙벽이 후드득 떨어지던 이 집을 새 단장해 책까지 내게 되니 부족한 점만 눈에 띄고 어쩐지 자식 결혼시키는 부모 마음이 된다. 내 눈에는 볼수록 예쁜 이 집이 농가 주택을 궁금해하는 독자들에게 조금이라도 도움이 됐으면 더 바랄 나위 없겠다.

2천만원대의 돈으로 마당 있는 집을 샀다고 꿈만 같아서 펄펄 날았던 때가 엊그제 같은데 그사이, 갖은 우여곡절 다 지나고 집 마당에 서 있자니 감회가 새롭다. 집 사들인 돈보다 고치느라 든 돈이 배가 되었으니 한동안 등이 좀 휘겠지만, 그래도 좋다. 살다 보면 시골살이의 고단함에 꾀가 날 수도 있겠지만, 초보 촌여자인 나는 지금도 마냥 설렌다.

나의 이 철부지 같은 기쁨을 또 다른 어떤 이도 느낄 수 있게 되기를 바라는 마음으로, 아니 거기까지는 못 가더라도 그저 이 책 훌훌 넘겨보면서 시골집에 대한 다부진 꿈 하나 키울 수 있게 되기를 바라면서 마지막 인사를 전한다.

서천 집에서 꿈을 키우는, 오미숙 씀

2천만원으로
시골집 한 채 샀습니다

초판 1쇄 발행 2013년 10월 30일
초판 8쇄 발행 2019년 4월 10일
개정판 1쇄 발행 2024년 11월 10일

글 | 오미숙
펴낸이 | 계명훈
기획 · 진행 | f·book
마케팅 | 함송이
경영지원 | 이보혜
디자인 | ALL contents group
사진 | 한정수(etc.studio)
교정 | 류미정
인쇄 | RHK홀딩스
펴낸 곳 | for book 서울시 마포구 만리재로 80 예담빌딩 6층
02-753-2700(판매) 02-335-3012(편집)
출판 등록 | 2005년 8월 5일 제2-4209호

값 20,000원
ISBN 979-11-5900-149-9 13540

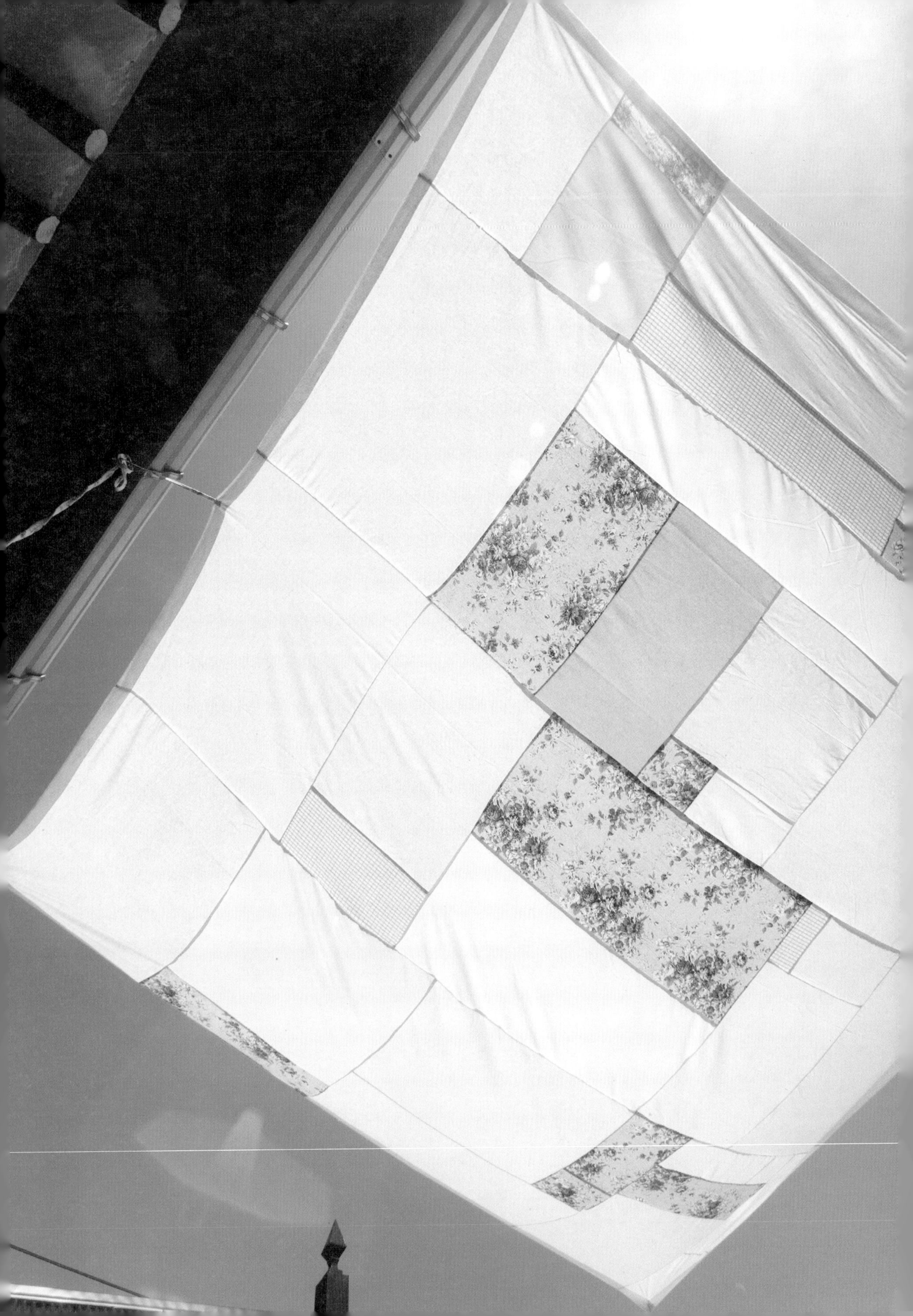

짱하거나 혹은 구름 덮이거나…

사는 일이라고 어디 다를까